Wissenschaftliche Taschenbücher WTB

Chemie

Erich Kleinpeter
Rolf Borsdorf

^{13}C-NMR-Spektroskopie in der organischen Chemie

Akademie-Verlag · Berlin

WTB Wissenschaftliche Taschenbücher

Eine Auswahl lieferbarer Bände:

HEINRICH ARNOLD
Physikalische Chemie der Halbleiter

JOACHIM AUTH / DIETMAR GENZOW
KLAUS H. HERRMANN
Photoelektrische Erscheinungen

HANS BANDEMER
ANDREAS BELLMANN
WOLFHART JUNG / KLAUS RICHTER
Optimale Versuchsplanung

FRANK BEICHELT
Prophylaktische Erneuerung von Systemen

JOACHIM BELLACH / PETER FRANKEN
ELKE WARMUTH / WALTER WARMUTH
Maß, Integral und bedingter Erwartungswert

WOLFRAM BRAUER
HANS-WALDEMAR STREITWOLF
Theoretische Grundlagen der Halbleiterphysik

SIEGFRIED BREHMER
Einführung in die Maßtheorie

SIEGFRIED BREHMER
Hilbert-Räume und Spektralmaße

JOHN CUNNINGHAM
Vektoren

GEORG DAUTCOURT
Relativistische Astrophysik

K. CH. DELOKAROV
Relativitätstheorie und Materialismus

HANNELORE FISCHER
JOACHIM PIEHLER
Modellsysteme der Operationsforschung

GOTTFRIED FRITZSCHE
Grundlagen und Entwurf passiver Analogzweipole
Netzwerke I
Entwurf passiver Analogvierpole
Netzwerke II
Entwurf aktiver Analogsysteme
Netzwerke III

HERBERT GOERING
Asymptotische Methoden zur Lösung von Differentialgleichungen

HERBERT GOERING
Elementare Methoden zur Lösung von Differentialgleichungsproblemen

EDUARD HERLT / NIKOLAUS SALIÉ
Spezielle Relativitätstheorie

HELMUT HESS
Der elektrische Durchschlag in Gasen

V. I. KARPMAN
Nichtlineare Wellen in dispersiven Medien

ULRICH KAUSMANN
KLAUS LOMMATZSCH
FRANTIŠEK NOŽIČKA
Lineare parametrische Optimierung

A. R. KESSEL
Akustische Kernresonanz

DIETER KRESS
Theoretische Grundlagen der Signal- und Informationsübertragung

Dieter Leuschner
Grundbegriffe der Thermodynamik

V. S. Letochow
Laserspektroskopie

Dierck-Ekkehard Liebscher
Relativitätstheorie mit Zirkel und Lineal

Wolfgang Meiling
Digitalrechner in der elektronischen Meßtechnik
Teil 1: Meßmethodik
Teil 2: Gerätetechnik und Anwendungen

L. I. Miroschnitschenko
Kosmische Strahlung im interplanetaren Raum

Peter Paufler
Gustav E. R. Schulze
Physikalische Grundlagen mechanischer Festkörpereigenschaften
Teil I und II

Ulrich Röseberg
Quantenmechanik und Philosophie

Albrecht Rost
Messung dielektrischer Stoffeigenschaften

J. V. Sačkov
Wahrscheinlichkeit und Struktur

E. M. Sawizki
Perspektiven der Metallforschung

Wolfgang Schäfer
Theoretische Grundlagen der Stabilität technischer Systeme

Ernst Schmutzer
Symmetrien und Erhaltungssätze der Physik

Volkmar Schuricht
Kernexplosionen für friedliche Zwecke

Norbert Sieber
Hans-Peter Leidhold
Einführung in die Datenverarbeitung

Hubertus Stolz
Supraleitung

Festkörperphysik
Entwicklungstendenzen und Anwendungsmöglichkeiten

Die Schöpfer der physikalischen Optik
Eine Artikelsammlung

Hans-Georg Schöpf
Von Kirchhoff bis Planck

Horst Melcher
Albert Einstein wider Vorurteile und Denkgewohnheiten

Renate Wahsner
Mensch und Kosmos
Die copernicanische Wende

Helmut Friemel / Josef Brock
Grundlagen der Immunologie

Eberhard Hofmann
Funktionelle Biochemie des Menschen
Band 1 und 2

Lothar Jäger
Grundlagen der Klinischen Immunologie

Karlheinz Lohs
Dieter Martinetz
Entgiftung – Mittel, Methoden und Probleme

Joachim Nitschmann
Entwicklung bei Mensch und Tier

Stephan Schnitzler
Pharmakologische Aspekte von Immunreaktionen

Dieter Spaar
Helmut Kleinhempel
Hans Joachim Müller
Klaus Naumann
Bakteriosen der Kulturpflanzen

WTB

BAND 258

Erich Kleinpeter
Rolf Borsdorf

^{13}C-NMR-Spektroskopie in der organischen Chemie

Mit 23 Abbildungen und 58 Tabellen

AKADEMIE-VERLAG · BERLIN

Reihe CHEMIE

Herausgegeben im Auftrage
der Akademie der Wissenschaften der DDR

von

Prof. Dr. Dr. h. c. H. Klare, Berlin
Prof. Dr.-Ing. Dr. h. c. E. Leibnitz, Berlin
Prof. Dr.-Ing. habil. Dr. rer. nat. h. c. mult. K. Schwabe, Meinsberg

Verantwortlicher Herausgeber dieses Bandes:
Prof. Dr.-Ing. habil. Dr. rer. nat. h. c. mult. K. Schwabe
Meinsberg

Verfasser:
Dr. rer. nat. Erich Kleinpeter
Prof. Dr. sc. Rolf Borsdorf
Sektion Chemie
Karl-Marx-Universität Leipzig

1981
Erschienen im Akademie-Verlag,
DDR-1080 Berlin, Leipziger Straße 3—4
Lektor: Gisela Güntherberg

Lizenznummer: 202 · 100/514/81
Gesamtherstellung: VEB Druckhaus „Maxim Gorki",
7400 Altenburg
Bestellnummer: 762 527 8 (7258) · LSV 1234
Printed in GDR
DDR 12,50 M

Vorwort

Die Strukturaufklärung organischer Verbindungen ist heute ohne die modernen Methoden der instrumentellen Analytik nicht mehr denkbar. Unter ihnen nimmt die NMR-Spektroskopie einen führenden Platz ein. Während die ^{1}H-NMR-Spektroskopie bereits ab Mitte der 50iger Jahre als Methode der Strukturaufklärung eine sprunghafte Verbreitung fand, hat sich die ^{13}C-NMR-Spektroskopie erst in den letzten Jahren zu einer Routinemethode von vergleichbarer Bedeutung entwickelt. Voraussetzung dafür waren gerätetechnische und methodische Fortschritte, die eine erhebliche Empfindlichkeitssteigerung bei der Aufnahme von NMR-Spektren möglich machten. Da die ^{13}C-NMR-Spektroskopie den Chemiker in die Lage versetzt, das Kohlenstoffgerüst der Moleküle direkt zu beobachten, bringt sie eine beträchtliche Erweiterung der Möglichkeiten der Strukturbestimmung mit sich.

Prinzipiell unterscheidet sich die Analyse eines ^{13}C-Spektrums nicht von der eines ^{1}H-NMR-Spektrums. Die besondere Aufnahmetechnik, vor allem aber das inzwischen angesammelte umfangreiche Material über empirische Zusammenhänge zwischen Spektrenparametern und Struktur lassen es jedoch gerechtfertigt erscheinen, neben dem in dieser Reihe bereits erschienenen Band „*Kernmagnetische Resonanzspektroskopie in der organischen Chemie*" von A. Zschunke einen Band vorzulegen, der sich speziell mit der ^{13}C-NMR-Spektroskopie beschäftigt. Er wendet sich — ebenso wie das genannte Wissenschaftliche Taschenbuch — vorwiegend an Chemiker bzw. fortgeschrittene Studenten der Chemie, die die ^{13}C-NMR-Spektroskopie als Hilfsmittel zur Lösung organisch-chemischer

Strukturprobleme betrachten. Unter diesem Gesichtspunkt gesehen liegt der Schwerpunkt des vorliegenden Bandes auf der Anwendung der Methode. Die theoretischen Prinzipien, apparative und meßtechnische Grundlagen sind demgegenüber bewußt kurz gehalten. Für eine intensivere Beschäftigung mit diesem Gebiet muß auf die im Literaturverzeichnis aufgeführten Monographien verwiesen werden.

Für kritische Hinweise zum Manuskript sind die Autoren den Herren *Dr. R. Radeglia*, *Dr. H. Jancke* und *Dr. G. Engelhardt* dankbar.

Leipzig, Frühjahr 1979

E. Kleinpeter
R. Borsdorf

Inhalt

1. Einleitung

1.1. Grundlagen der NMR-Spektroskopie

1.1.1. Magnetische Eigenschaften von Atomkernen

Zahlreiche Atomkerne besitzen einen Eigendrehimpuls, der sich durch vektorielle Addition aus den Drehimpulsen der Nucleonen (Protonen und Neutronen) zusammensetzt. Dieser Eigendrehimpuls p ist ebenso wie andere atomare Größen gequantelt und ergibt sich zu

$$p = \sqrt{I(I+1)}\,\frac{h}{2\pi}. \tag{1}$$

I bedeutet darin die sog. Kernspinquantenzahl, die für die bekannten Atomkerne ganz- bzw. halbzahlige Werte zwischen 0 und 6 annehmen kann.

Die Kerneigenschaften der in der organischen Chemie wichtigsten Elemente sind in Tab. 1 zusammengestellt.

Dieser Tabelle ist zu entnehmen, daß dem ^{13}C-Kern analog dem ^{1}H-Kern die Kernspinquantenzahl $I = 1/2$ zuzuordnen ist und er zu der Gruppe magnetisch aktiver Kerne zu zählen ist, die gerade Protonen- aber ungerade Neutronenzahl (sog. g,u-Kerne) aufweisen.

Da jede rotierende elektrische Ladung einem magnetischen Moment entspricht, ist mit dem Eigendrehimpuls p der Kerne ein magnetisches Moment verbunden. Dieses magnetische Moment μ ist dem Betrag des Eigendrehimpulses p gemäß Gl. (2) proportional:

$$\mu = \gamma \cdot p. \tag{2}$$

Die Proportionalitätskonstante γ wird als gyromagnetisches Verhältnis bezeichnet und ist für einen gegebenen Kern eine charakteristische Größe.

Tabelle 1

Kerneigenschaften einiger Atomkerne

Kern	natürliche Häufigkeit (%)	Kernspin-quantenzahl I	gyromagn. Verhältnis $\gamma \cdot 10^{-8}$ $(s^{-1}\,T^{-1})$	relative Empfindlichkeit[2])
^{1}H	99,98	1/2	2,6738	1,00
^{2}D	0,0156	1	0,4104	0,0096
^{12}C	98,9	0	0	–
^{13}C	1,1	1/2	0,6724	0,016
^{14}N	99,635	1	0,1926	0,00101
^{15}N	0,365	1/2	−0,2710[1])	0,00104
^{16}O	99,76	0	0	–
^{17}O	0,037	5/2	−0,3624[1])	0,0291
^{19}F	100	1/2	2,5161	0,834
^{31}P	100	1/2	1,0828	0,0663
^{32}S	99,26	0	0	–
^{33}S	0,74	3/2	0,2054	0,0023
^{35}Cl	75,4	3/2	0,2628	0,00471
^{37}Cl	24,6	3/2	0,2183	0,00272
^{79}Br	50,6	3/2	0,6702	0,0786
^{81}Br	49,4	3/2	0,7219	0,0984

[1]) Ein negatives Vorzeichen bedeutet, daß das magnetische Moment entgegengesetzt zum Drehimpuls gerichtet ist.

[2]) Bei gleicher Kernzahl und H_0 = const bezogen auf ^{1}H gleich 1,00.

1.1.2. Verhalten der Atomkerne im Magnetfeld

Nach Gl. (2) stellen Atomkerne mit einem von Null verschiedenem Eigendrehimpuls kleine Permanentmagnete dar, die beim Anlegen eines äußeren Magnetfeldes H_0 eine Ausrichtung zur äußeren Feldrichtung erfahren. Infolge der in atomaren Dimensionen geltenden Quantenbedingungen sind nur eine begrenzte Anzahl von Orientierungen – nämlich $2I + 1$ – möglich, da für diese Orientierungen die Projektionen des Drehimpulsmomentes auf die Feldrichtung (z-Achse des Koordinatensystems) p_z halb- oder ganzzahlige Vielfache des Elementarimpulses

$h/2\pi$ sein müssen (sog. Richtungsquantelung). Die $2I + 1$ möglichen Projektionen werden durch die magnetische Quantenzahl m charakterisiert, die alle Werte von $+I$, $I - 1, \ldots\ldots, -I$ annehmen kann.

$$p_z = m \cdot (h/2\pi). \tag{3}$$

Entsprechend ergibt sich für die Komponente des magnetischen Momentes in der Feldrichtung H_0

$$\mu_z = \gamma \cdot p_z = \gamma \cdot m \cdot (h/2\pi). \tag{4}$$

In Abb. 1 ist die Richtungsquantelung für den Fall des ^{13}C-Kerns dargestellt. Entsprechend seiner Kernspinquantenzahl $I = 1/2$ hat er $2 \cdot 1/2 + 1 = 2$ verschiedene

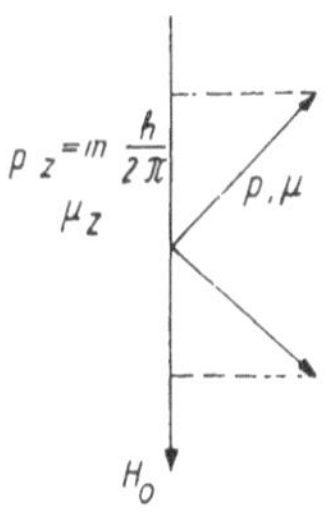

Abb. 1. Richtungsquantelung des magnetischen Moments eines ^{13}C-Kerns ($I = 1/2$)

Einstellungsmöglichkeiten zur Richtung des angelegten äußeren Magnetfeldes, eine parallele (entsprechend $m = +1/2$) und eine antiparallele (entsprechend $m = -1/2$). Zu beiden Einstellungen gehören unterschiedliche Energieinhalte, die sich in einem Termschema (Abb. 2) darstellen lassen.

Die Energie eines magnetischen Dipols im äußeren Magnetfeld H_0 beträgt

$$E = \mu_z \cdot H_0 = \frac{\gamma \cdot m \cdot h \cdot H_0}{2\pi}. \tag{5}$$

Somit entsprechen die aufgezeigten Kernorientierungen potentiellen Energien von $E_+ = +\frac{1}{2}\gamma \cdot \left(\frac{h}{2\pi}\right) H_0$ und $E_- = -\frac{1}{2}\gamma \left(\frac{h}{2\pi}\right) H_0$ wie es in Abb. 3 eingezeichnet ist.

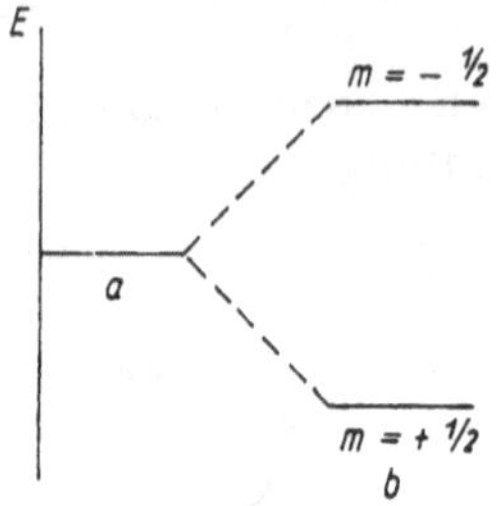

Abb. 2. Termschema eines ^{13}C-Kerns.
a) vor und b) nach Anlegen eines äußeren Magnetfeldes

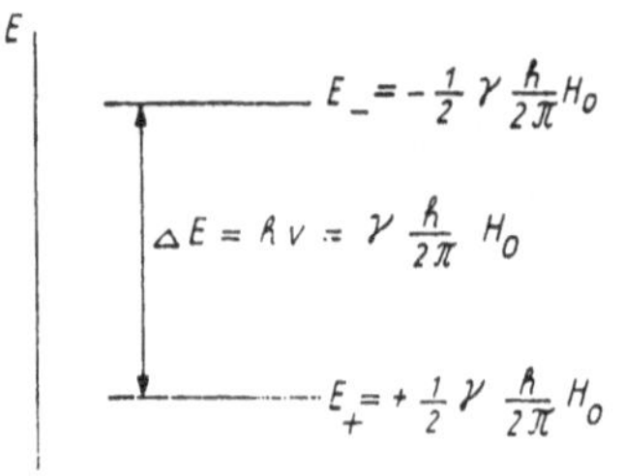

Abb. 3. Energieniveaus eines ^{13}C-Kerns in einem äußeren Magnetfeld

Die Verteilung der ^{13}C-Kerne auf diese beiden Energieniveaus wird im thermischen Gleichgewicht durch die BOLTZMANN-Verteilung bestimmt:

$$\frac{N_-}{N_+} = e^{-\frac{\Delta E}{kT}}. \tag{6}$$

ΔE bedeutet hierbei die Differenz zwischen E_+ und E_-, k ist die BOLTZMANN-Konstante und T die absolute Temperatur. Da in der NMR-Spektroskopie ΔE sehr klein ist, sind die Besetzungsdichten beider Energieniveaus nur sehr wenig verschieden. Es läßt sich zeigen, daß bei Zimmertemperatur und einem Magnetfeld von etwa 1 Tesla im Falle der Protonenresonanz auf 1000000 Kerne in der energiereicheren antiparallelen Anordnung 1000003 Kerne in der energieärmeren parallelen Orientierung kommen.

1.1.3. Die Resonanzbedingung

Zwischen den beiden in Abb. 3 eingezeichneten Energiezuständen des ^{13}C-Kerns können mit Hilfe elektromagnetischer Strahlung geeigneter Energie Übergänge induziert werden. Diese Übergänge bestehen in einer Umorientierung der Richtung des magnetischen Momentes im äußeren Magnetfeld. Da die Energiedifferenz zwischen beiden Zuständen

$$\Delta E = \gamma \cdot \left(\frac{h}{2\pi}\right) \cdot H_0 \tag{7}$$

beträgt, ergibt sich unter Verwendung der Frequenz/Energie-Beziehung $\Delta E = h \cdot \nu$ der elektromagnetischen Strahlung die Resonanzbedingung

$$\nu = \frac{1}{2\pi} \cdot \gamma \cdot H_0 . \tag{8}$$

Sie gibt an, welche Frequenzen elektromagnetischer Strahlung mit einem bestimmten Atomkern (charakterisiert durch dessen gyromagnetisches Verhältnis) bei einer äußeren Feldstärke H_0 in Energieaustausch, d. h. Resonanz treten. Es sei hinzugefügt, daß in der NMR-Spektroskopie nur Übergänge zwischen benachbarten Energieniveaus stattfinden können, so daß als Auswahlregel gilt:

$$\Delta m = \pm 1 . \tag{9}$$

An dieser Stelle muß erwähnt werden, daß die Feldstärke des angelegten Magnetfeldes H_0 nicht der Feldstärke entspricht, die am Kernort beobachtet wird, da die den Kern umgebende Elektronenhülle diesen durch induzierte Magnetfelder mehr oder weniger stark abschirmt. Hieraus resultiert neben der Abhängigkeit der Resonanzfrequenz eines magnetisch aktiven Kerns vom gyromagnetischen Verhältnis eine weitere von der Abschirmung des Kernes durch die umgebende Elektronenhülle. Dies macht das eigentliche Interesse des Chemikers an der NMR-Spektroskopie aus, da ihm hiermit ein auf elektronische und sterische Verhältnisse in chemischen Verbindungen äußerst empfindlicher Effekt in die Hand gegeben ist, der ihm Informationen liefert, die mit früher bekannten Methoden nicht zu gewinnen waren. Die näheren Charakteristika dieses mit der Problematik der „Chemischen Verschiebung" verknüpften Phänomens wird später behandelt (vgl. Kap. 3.1.).

Wie bereits erwähnt, ist infolge des geringen Energieunterschiedes der beiden Kern-Energieniveaus ΔE der Besetzungsunterschied nur sehr gering. Die hieraus resultierende geringe Intensität der beobachteten Signale wird durch die Messung selbst noch ungünstiger gestaltet, da eine allmähliche Auffüllung des oberen Niveaus erfolgt. Ist dies geschehen, so kann keine nach außen feststellbare Absorption erfolgen. Es ist Sättigung eingetreten.

Durch diesen Vorgang wäre an und für sich jede Möglichkeit NMR-spektroskopischer Untersuchungen zeitlich begrenzt, wenn nicht durch Relaxationsvorgänge strahlungslos die überschüssige Energie abgeführt werden könnte.

1.1.4. Relaxationsvorgänge

In der NMR-Spektroskopie kann zwischen 2 Relaxationsprozessen unterschieden werden:

1. der Spin-Gitter-Relaxation
2. der Spin-Spin-Relaxation.

Durch *Spin-Gitter-Relaxation* wird überschüssige Energie an die thermischen Bewegungsfreiheitsgrade der Umgebung (Gitter) abgegeben. Der zeitliche Verlauf dieser Prozesse wird durch die Spin-Gitter-Relaxationszeit (auch longitudinale Relaxationszeit genannt) T_1 beschrieben. Unter der Relaxationszeit versteht man dabei die Zeit, die erforderlich ist, um $1/e = 0{,}37$ der Überschußenergie abzugeben. Die Spin-Gitter-Relaxation wird von Gitterbewegungen (Atomschwingungen in festen Gittern, Molekülbewegungen in Flüssigkeiten und Gasen) bewirkt, die mit fluktuierenden Magnetfeldern verknüpft sind und eine geeignete Frequenz haben, um mit dem Kernspin in Wechselwirkung zu treten. T_1 schwankt je nach Probe sehr stark ($100-10^{-4}$ s), wobei im allgemeinen die kürzeren T_1-Werte in Flüssigkeiten und Gasen beobachtet werden, die auf die stärkere Molekülbewegung und die damit verbundene größere Fluktuation der magnetischen Felder in der Umgebung der Kerne zurückgeht. In Festkörpern rufen die hochfrequenten Gitterschwingungen ein magnetisches Wechselfeld hervor, das praktisch keine Komponenten mit der Resonanzfrequenz enthält.

Durch Wechselwirkung innerhalb des Spinsystems selbst kann ein „Spinaustausch" zwischen zwei gleichen Kernen erfolgen, indem der eine Kern vom oberen ins untere Spinniveau, der andere vom unteren ins obere übergeht. Dieser Prozeß wird als *Spin-Spin-Relaxation* oder transversale Relaxation bezeichnet und durch die Spin-Spin-Relaxationszeit T_2 gekennzeichnet. Durch diesen Relaxationsprozeß wird im Gegensatz zur Spin-Gitter-Relaxation die Besetzungsdichte der Spinniveaus nicht verändert. Für Festkörper ist T_2 gewöhnlich sehr kurz, kürzer als T_1, während für Flüssigkeiten T_1 und T_2 etwa von gleicher Größenordnung sind.

Sowohl T_1 als auch T_2 sind von großer Bedeutung für die Linienbreiten in der NMR-Spektroskopie. Nach der HEISENBERGschen Unschärferelation gilt

$$\Delta E \cdot \Delta t = \frac{h}{2\pi}. \tag{10}$$

Indem wir durch $h \cdot \Delta t$ dividieren erhalten wir

$$\frac{\Delta E}{h} = \Delta \nu = \frac{1}{2\pi \cdot \Delta t} \approx \frac{0{,}1}{\Delta t}\,\mathrm{Hz}. \tag{11}$$

Es bedeuten ΔE die Unbestimmtheit der Energie, $\Delta \nu$ die Unbestimmtheit der Frequenz und Δt die Lebensdauer des entsprechenden Zustandes. Wenn Δt wie in vielen Flüssigkeiten groß ist ($T_1 = T_2 \approx 1$ s), so ist $\Delta \nu$ klein, d. h. die Linienbreite ist gering. Kleine Werte von T_2 — wie sie etwa in Festkörpern vorliegen — bedingen dagegen große Linienbreiten.

Breite Linien in einigen Flüssigkeiten können insbesondere durch erhöhte Viskosität sowie durch die Verunreinigung durch paramagnetische Ionen hervorgerufen werden, die beide zu einer Verkürzung der Relaxation führen.

1.1.5. Das Meßprinzip

Der prinzipielle Aufbau eines NMR-Spektrometers ist aus Abb. 4 ersichtlich.

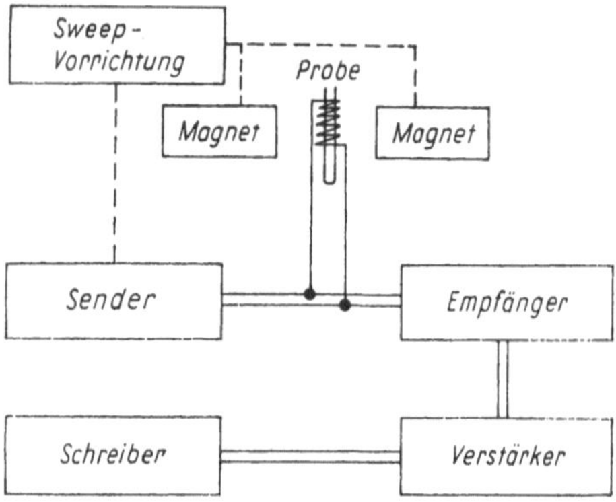

Abb. 4. Prinzipieller Aufbau eines NMR-Spektrometers mit konventioneller CW-Technik

Die Hauptbauelemente sind:

1. ein Magnet (mit hoher Feldhomogenität zwischen den Polschuhen)
2. ein Radiofrequenzsender (von einer Stabilität, die der hohen Feldhomogenität äquivalent ist)
3. ein Radiofrequenzempfänger.

Die Probe befindet sich zwischen den Polschuhen des Magneten, in dessen Magnetfeld es zu einer Aufspaltung in unterschiedliche Spinniveaus kommt. Das von dem Radiofrequenzsender erzeugte elektromagnetische Wechselfeld wirkt über eine Spule auf die Probe ein. Befindet sich die Frequenz des elektromagnetischen Wechselfeldes ν und das angelegte Magnetfeld H_0 in Übereinstimmung mit der Resonanzbedingung (Gl. (8)), so kommt es zu einer Energieabsorption. Mit Hilfe des Radiofrequenzempfängers wird dieser Energieverlust gemessen und über eine entsprechende Verstärkereinrichtung auf einem Schreiber als Signal registriert.

Zur Erreichung der Resonanzbedingung (Gl. (8)) gibt es zwei prinzipielle Möglichkeiten:

1. Es wird bei konstantem Magnetfeld die Frequenz des eingestrahlten elektromagnetischen Wechselfeldes variiert (sog. Frequenz-Sweep).
2. Es wird bei konstanter Frequenz das Magnetfeld variiert (Field-Sweep).

Bei beiden Methoden wird nacheinander, d. h. durch Variation des Feldes oder der Frequenz, für die verschiedenen meßbaren Kerne der Probe die Resonanzbedingung erfüllt. Da bei beiden Methoden kontinuierlich Energie in die Probe hineingegeben wird, obwohl jede Resonanz für sich angeregt und beobachtet wird, spricht man von einer continous-wave-Technik (CW-Technik).

Das experimentelle Hauptproblem bei Kernresonanzmessungen ist es, die außerordentlich hohen Anforderungen an die Konstanz und Homogenität des Magnetfeldes und die Radiofrequenzen zu erfüllen, die in der Größenordnung von 10^{-8} und besser sein müssen. Weiterhin muß insbesondere der Linearität und Genauigkeit der Sweepeinrichtung sowie der Empfindlichkeit des Empfängerteils große Aufmerksamkeit geschenkt werden.

1.2. Besonderheiten der ^{13}C-NMR-Spektroskopie

Wie bereits in dem Vorwort vermerkt, entwickelte sich die ^{13}C-NMR-Spektroskopie mit einer zeitlichen Verzögerung von ca. 20 Jahren gegenüber der ^{1}H-NMR-Spektroskopie zu einer Routinemethode der Strukturaufklärung. Die Ursache dafür ist in den besonderen Eigenschaften des ^{13}C-Kerns gegenüber dem ^{1}H-Kern zu suchen, die eine Reihe experimenteller Schwierigkeiten mit sich brachten. Nach Tab. 1 haben zwar beide Kerne die gleiche Kernspinquantenzahl $I = 1/2$, der ^{13}C-Kern weist jedoch ein um etwa den Faktor 4 kleineres gyromagnetisches Verhältnis (0,6724) als der ^{1}H-Kern (2,6738) auf.

Die Energiedifferenz ΔE zwischen den beiden möglichen Kernorientierungen in einem äußeren Magnetfeld ist deshalb nach Gl. (7) für ^{13}C-Kerne deutlich geringer als für ^{1}H-Kerne. Bei einer äußeren Feldstärke von 2,3 Tesla beträgt beispielsweise die Resonanzfrequenz von ^{13}C-Kernen 25 MHz, die von ^{1}H-Kernen 100 MHz. Als Folge dieser verkleinerten Energiedifferenz ist der Besetzungsunterschied zwischen den beiden Spinniveaus entsprechend der Boltzmann-Verteilung (Gl. (6)) noch geringer als im Fall der Protonenresonanz. Da die Größe der Kernresonanzabsorption von den Unterschieden dieser Besetzungsdichten abhängt, ergibt sich daraus ein Abfall der Empfindlichkeit[1]) gegenüber der ^{1}H-NMR-Spektroskopie.

In gleicher Richtung wirkt die relativ geringe natürliche Häufigkeit des ^{13}C-Isotops in der Natur. Während das Hauptisotop des Kohlenstoffs ^{12}C wegen seiner Kern-

[1]) Unter Empfindlichkeit versteht man das Verhältnis von Signalstärke (Signal) zu Rauschpegel (Noise) S/N.

spinquantenzahl $I = 0$ (s. Tab. 1) nicht im Kernresonanzexperiment beobachtet werden kann, liegt das ^{13}C-Isotop ($I = 1/2$) nur in einer Häufigkeit von 1,1% in natürlichen Kohlenstoffverbindungen vor. Aus diesen Gründen ergibt sich eine weitere Verringerung der Empfindlichkeit der ^{13}C-NMR-Spektroskopie gegenüber der ^{1}H-NMR-Spektroskopie. Schließlich führt auch die gegenüber dem Proton wesentlich größere longitudinale Relaxationszeit des ^{13}C-Isotops, die es leicht zu einer Sättigung der Probe kommen läßt, zu einer Herabsetzung der Nachweisempfindlichkeit.

Insgesamt resultiert ein Empfindlichkeitsabfall um etwa 5000—6000. Eine routinemäßige Beobachtung von ^{13}C-NMR-Spektren wurde deshalb erst in dem Maße möglich, in dem es gelang, durch meßtechnische Fortschritte die Nachweisempfindlichkeit der NMR-Geräte wesentlich zu erhöhen.

2. Apparative und methodische Grundlagen der ^{13}C-NMR-Spektroskopie

Für die Entwicklung der ^{13}C-NMR-Spektroskopie zur Routinemethode war eine entscheidende Empfindlichkeitssteigerung (Verbesserung des Signal/Rausch-Verhältnisses) die wichtigste Voraussetzung. Die wesentlichsten dabei angewandten experimentellen Methoden sollen im folgenden kurz dargelegt werden.

2.1. Allgemeine Methoden zur Empfindlichkeitssteigerung

2.1.1. Vergrößerung des Probenvolumens

Da die Signalintensität der Zahl der Kerne im Probenröhrchen proportional ist, bietet sich als einfachste Methode zur Empfindlichkeitssteigerung eine Vergrößerung des Probenvolumens an. Dieser Erhöhung des Probenvolumens sind aber insofern Grenzen gesetzt, daß infolge der nunmehr erforderlichen größeren Abstände zwischen den Polschuhen des Magneten höhere Anforderungen an die Magnetfeldhomogenität zu stellen sind. Ist dies nicht gegeben, so wird ein Teil der durch die größere Probe erhaltenen Empfindlichkeitssteigerung durch Linienverbreiterung infolge Feldinhomogenität wieder eingebüßt. Es ist gegenwärtig üblich, für Routineuntersuchungen in der ^{13}C-NMR-Spektroskopie Probenröhrchen von 8 bis 12 mm Durchmesser (^{1}H-NMR-Spektroskopie 5 mm) zu verwenden.

2.1.2. *Isotopenanreicherung*

Bei der geringen Häufigkeit des ^{13}C-Kerns liegt es nahe, durch eine Isotopenanreicherung eine Empfindlichkeitssteigerung zu erzielen. Obwohl dies prinzipiell möglich ist, eignet sich diese Methode für die Routineanalytik nicht bzw. nur sehr begrenzt, da der notwendige präparative Aufwand zur Darstellung von ^{13}C-markierten Substanzen sehr hoch und kostenintensiv ist.

2.1.3. *Verwendung supraleitender Magnete*

Größere Empfindlichkeiten sind durch die Verwendung höherer Magnetfelder zu erreichen, wofür hauptsächlich Supraleitungsmagnete in Frage kommen. Nach Gl. (7) ist die Energiedifferenz zwischen den beiden Orientierungen des ^{13}C-Kernspins um so größer, je stärker das äußere Magnetfeld ist. Da nach der BOLTZMANN-Verteilung (Gl. (6)) die Besetzungsdichten dieser beiden Energiezustände ebenfalls durch die Größe dieser Energiedifferenz bestimmt werden, sind hohe Magnetfeldstärken wünschenswert. Allerdings sind hier praktische Grenzen gesetzt, wobei bereits Felder bis zu 14 Tesla in Entwicklung sind, was einer Protonenresonanzfrequenz von 600 MHz entspricht.

2.1.4. *Spektrenakkumulation*

Eine weitere Möglichkeit der Empfindlichkeitssteigerung besteht darin, durch wiederholtes Registrieren des zu untersuchenden Spektrums bzw. Spektralbereichs eine Verstärkung der Signale zu erhalten. Dazu muß das Spektrometer mit einem CAT-System (Computer of Average Transients) gekoppelt werden, das eine Addition der bei den verschiedenen Durchläufen erhaltenen Spektren durchführt. Dabei wird das Untergrundrauschen herausgemittelt, während sich die Signale der Proben akkumulieren. Das Signal/Rausch-Verhältnis verbessert sich dabei mit der Quadratwurzel aus der Zahl der Registrierungen n:

$$S/N \sim \sqrt{n}. \tag{12}$$

Aus Gl. (12) lassen sich unmittelbar die Grenzen dieses Verfahrens erkennen. 100 Durchläufe, die die 100fache Zeit eines Spektrendurchlaufes erfordern, verbessern das Signal/Rausch-Verhältnis um den Faktor 10, d. h. eine relativ geringe Empfindlichkeitssteigerung erfordert einen beträchtlichen Zeitaufwand.

2.2. *Fourier-Transform-Spektroskopie*

Der entscheidende Durchbruch bei der Verbesserung der Empfindlichkeit in der ^{13}C-NMR-Spektroskopie gelang mit der Einführung der FOURIER-Transform-Technik. Mit dieser Technik, die auch auf alle anderen magnetisch aktiven Kerne anwendbar ist, wurde erst die routinemäßige Registrierung von ^{13}C-NMR-Spektren möglich.

2.2.1. *Vergleich von CW-Technik und Puls-Fourier-Transform-Technik*

Konventionelle NMR-Spektrometer arbeiten im allgemeinen nach der Frequenz-Sweep-Methode. Dabei wird unter Konstanthaltung des angelegten äußeren Magnetfeldes H_0 senkrecht zu diesem ein Hochfrequenzfeld H_1 unter kontinuierlicher Variation seiner Frequenz ν eingestrahlt. Mit Hilfe dieser klassischen Technik kann zu jedem Zeitpunkt nur ein bestimmter Punkt des Spektrums vermessen werden. Die CW-Technik (s. Kap. 1.1.5.) wird deshalb als Einkanalspektroskopie bezeichnet. Sie erfordert wegen des successiven Abtastens des gesamten Resonanzbereichs einen hohen Zeitaufwand. Dies macht sich besonders in der ^{13}C-NMR-Spektroskopie infolge des gegenüber der ^{1}H-NMR-Spektroskopie wesentlich erweiterten Resonanzbereichs nachteilig bemerkbar (vgl. Kap. 3.1.).

Wesentlich rationeller sowohl in Hinblick auf die Empfindlichkeit als auch auf die Zeitökonomie sollte ein Vielkanalspektrometer arbeiten, bei dem gleichzeitig alle NMR-Frequenzen eines Moleküls angeregt werden. Voraussetzung dafür ist allerdings ein Gerät mit einem Vielkanalsender und einem Vielkanalempfänger, wobei der Abstand der Frequenzen eng genug sein muß, um das gesamte Spektrum erfassen zu können.

Aus ökonomischen Gründen ist ein solches Verfahren mit Hilfe der konventionellen CW-Technik nicht durchführbar. Es konnte erst durch die Puls-FOURIER-Transform-Technik (PFT-Technik) realisiert werden.

Das Prinzip dieser Methode besteht in folgendem (vgl. Abb. 5): Die Probe wird durch einen kurzen Hochfrequenzimpuls (Impulsdauer $t_p \approx 10^{-6}$ s) sehr großer Intensität angeregt. Ein solcher Impuls der Frequenz ν_p läßt sich durch FOURIER-Analyse in ein Frequenzspektrum zerlegen, das den Frequenzbereich $\nu_p \pm 1/t_p$ umfaßt, wobei t_p so gewählt wird, daß dieser Bereich groß zur Gesamtspektrenbreite ist. In diesem Fall werden alle ^{13}C-Kerne gleichzeitig angeregt und es kommt zu einer Magnetisierung der Probe. Nach Abschalten des Hochfrequenzimpulses kehren die Kerne in den Gleichgewichtszustand zurück und man mißt den dabei einsetzenden Abfall der induzierten Magnetisierung (**F**ree **I**nduction **D**ecay = FID) mit der Zeit. Der so erhaltene FID beinhaltet die gesamten Informationen eines konventionellen Spektrums, wenn auch in einer anderen Form. In jedem Teil des FID sind Informationen über das gesamte Spektrum enthalten. Durch eine mathematische Operation, die FOURIER-Transformation, ist es nun möglich, das Interferogramm, in dem der Abfall der induzierten Magnetisierung gegen die Zeit

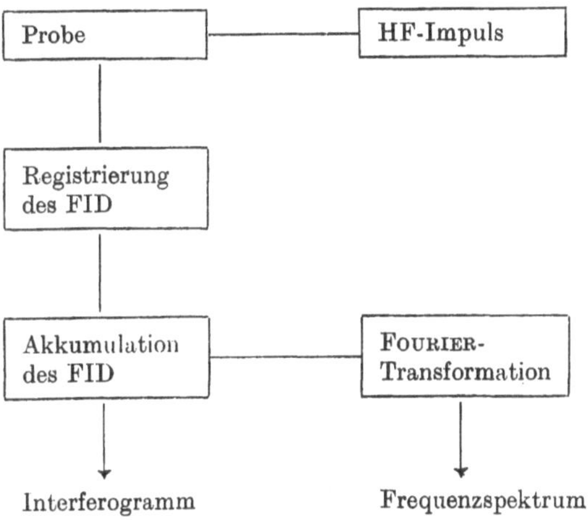

Abb. 5. Schematische Darstellung der Funktionsweise eines Puls-FOURIER Transform-Spektrometers

aufgetragen ist, in ein von der CW-Spektroskopie her bekanntes Frequenzspektrum zu transformieren. Die Transformation geschieht durch einen direkt mit dem Spektrometer gekoppelten Computer. Da der Zeitbedarf für einen Impuls mit anschließender Aufzeichnung des FID sehr kurz ist — in Abhängigkeit von der Relaxationszeit der Kerne im allgemeinen einige Sekunden — können mit Hilfe des Computers erst eine Reihe Interferogramme akkumuliert werden, ehe eine FOURIER-Transformation durchgeführt wird. Der geringe Zeitbedarf ermöglicht somit eine gesteigerte Spektrenakkumulation (s. Kap. 2.1.4.) und trägt wesentlich zu der angestrebten Erhöhung der Empfindlichkeit bei.

Neben der durch die FOURIER-Technik bedingten Verbesserung des Signal/Rausch-Verhältnisses um etwa den Faktor 10 bringt die Akkumulation — je nach der Zahl der Spektrenregistrierungen — eine weitere beträchtliche Verbesserung um den Faktor 10—100 mit sich.

2.2.2. Klassische Deutung des Absorptionsvorganges

Anstelle der im Kap. 1.1.3. gegebenen „spektroskopischen“ Deutung des Resonanzvorganges soll zum besseren Verständnis der folgenden Kapitel die Einwirkung eines Hochfrequenzimpulses anhand der klassischen Beschreibung nach BLOCH erläutert werden. Dabei sei vorausgeschickt, daß die BLOCHsche Theorie nicht das Verhalten eines einzelnen Kerns, sondern die makroskopische Magnetisierung M eines Kernensembles unter dem Einfluß eines statischen Magnetfeldes H_0 und eines Hochfrequenzfeldes H_1 beschreibt.

Wie in Kap. 1.1.1. und 1.1.2. dargelegt, können wir uns die für die NMR-Untersuchungen geeigneten Atomkerne als rotierende Magnetkreisel vorstellen. In einem äußeren Magnetfeld führen diese Kreisel eine Präzessionsbewegung um die Achse des Magnetfeldes aus. Diese Präzessionsbewegung (LARMOR-Frequenz) stimmt mit der nach Gl. (8) definierten Absorptionsfrequenz überein. Im thermischen Gleichgewicht präzedieren entsprechend der BOLTZMANN-Verteilung mehr Kerne „parallel“ als „antiparallel“ zum äußeren Magnetfeld. Dies ist in Abb. 6 an der größeren Anzahl von Vektoren in Feldrichtung erkennbar. Die Vektorsumme aller magnetischer Momente der Einzelkerne ergibt eine makroskopische Gleichgewichtsmagnetisierung in der Feldrichtung (z-Achse). Dagegen ist die Magnetisierung senkrecht zum äußeren Magnetfeld (x,y-Ebene) gleich 0, da — wie ebenfalls aus Abb. 6 ersichtlich — die präzedierenden Kerne eine statistische Phasenverteilung aufweisen, so daß sich alle Komponenten senkrecht zur Feldrichtung ausmitteln.

Zum besseren Verständnis der Wirkung eines Hochfrequenzfeldes H_1 mit der Frequenz ν_0 werden die Koordinaten x und y durch die mit der Frequenz ν_0 um die Feldrichtungsachse z rotierenden Koordinaten x' und y'

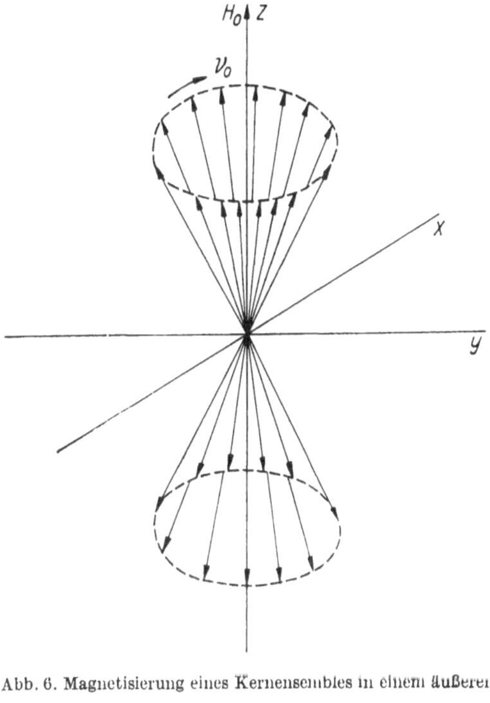

Abb. 6. Magnetisierung eines Kernensembles in einem äußeren Magnetfeld

ersetzt. Hierdurch vereinfacht sich Abb. 6 zu Abb. 7a, die ein solches Spinsystem im thermodynamischen Gleichgewicht (BOLTZMANN-Verteilung) zeigt. Wird nun das hochfrequente Wechselfeld H_1 der Frequenz ν_0, das in unserem rotierenden Koordinatensystem in die x'-Richtung zeigen soll, zusätzlich eingeschaltet, so wird der Magnetisierungsvektor M_z diesem äußeren Zwang aus-

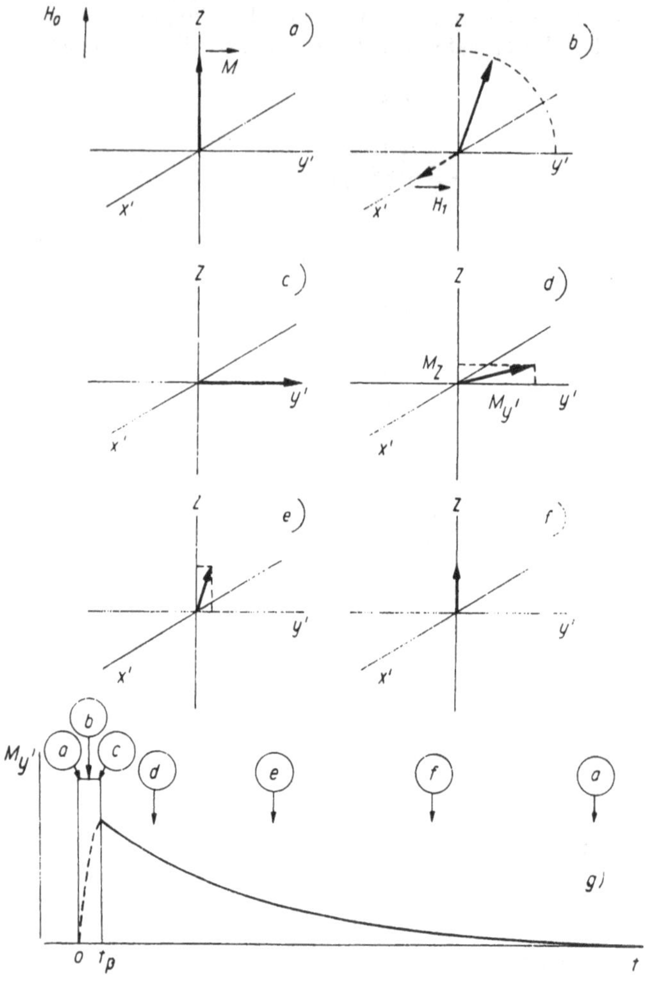

H_0
Z
a)
M
y'
x'
b)
H_1
c)
d)
M_Z
$M_{y'}$
e)
f)
$M_{y'}$
a
b
c
d
e
f
a
g)
0
t_p
t

weichen und um die x'-Achse in der z,y'-Ebene rotieren (vgl. Abb. 7b). Diesem Vorgang entgegen wirkt die Relaxation, die versucht, den Magnetisierungsvektor in die z-Richtung zurückzudrehen. Mit dem kleinen H_1-Feld bei klassischen CW-Untersuchungen stellt sich schnell ein Gleichgewicht ein und die hieraus resultierende Magnetisierung in der y'-Richtung dient zur Registrierung des Absorptionssignals. Anders dagegen in der Puls-FOURIER-Transform-Spektroskopie. Infolge der sehr viel höheren H_1-Feldstärken des HF-Impulses kann die Relaxation zur Zeit seiner Wirkung als Gegenkraft vernachlässigt werden. Die Impulsdauer wird so gewählt ($t_p = 2\pi/(\gamma \cdot H_1)$), daß die Gesamtmagnetisierung M_z um einen beliebigen Winkel α aus der z-Richtung ausgelenkt wird. Abb. 7c zeigt hierfür ein besonders charakteristisches Beispiel, den 90°-Impuls (auch $\pi/2$-Impuls), wo durch ein geeignetes t_p der Magnetisierungsvektor aus der z-Richtung um 90° in die y'-Richtung gedreht wird.

2.2.3. *Der Abfall der freien Induktion*

Beim Abschalten des HF-Feldes klingt die Phasenbeziehung zwischen dem rotierenden Magnetfeld und den Kernmomenten exponentiell mit der effektiven trans-

---

Abb. 7. Schematische Darstellung der Kernmagnetisierung M in einem rotierenden Koordinatensystem.
a) Gleichgewichtsmagnetisierung im äußeren Magnetfeld;
b) Drehung des Magnetisierungsvektors M unter dem Einfluß eines schwachen H_1-Feldes;
c) Drehung des Magnetisierungsvektors M unter dem Einfluß eines starken 90°-Impulses;
d) und e) zunehmender Abbau der y'-Magnetisierung nach Abschalten des HF-Impulses;
f) Gleichgewichtsmagnetisierung M in z-Richtung wegen $T_2^* < T_1$ noch nicht völlig aufgebaut;
g) die Magnetisierung in y'-Richtung als Zeitfunktion

versalen Relaxationszeit T'_2* ab[1]). Die magnetische Induktion fällt succesive auf den Wert 0 ab (vgl. Abb. 7d, e, g), da die Kernmomente wieder frei präzedieren können. Dieser Vorgang wird als Abfall der freien Induktion (FID) bezeichnet. Gleichzeitig, aber zeitlich unabhängig davon steigt die longitudinale Magnetisierung M_z in Feldrichtung exponentiell mit der longitudinalen Relaxationszeit T_1 wieder auf den Wert an, den sie im thermischen Gleichgewicht innehatte.

Da die longitudinalen Relaxationszeiten T_1 größer als die transversalen T_2* sind, stellt sich die longitudinale Magnetisierung erst mit einer zeitlichen Verzögerung zum Abklingen der transversalen Magnetisierung ein (vgl. Abb. 7f). Erst wenn dies vollständig geschehen ist, kann — falls vollständige Nichtsättigung erreicht werden soll — die nächste Anregung erfolgen. Als optimal hat sich erwiesen, vor Einstrahlung des nächsten HF-Impulses eine Zeit von etwa $5T_1$ verstreichen zu lassen. Zur Verringerung der Abstände zwischen den Impulsen kann aber insbesondere bei sehr langen T_1-Werten auch mit einem kleineren Flipwinkel ($\alpha \ll 45°$) angeregt werden, wobei dafür die Zahl der Akkumulationen zu erhöhen ist.

Der FID ist in Abb. 8a für den Fall wiedergegeben, daß die Anregungsfrequenz ν genau gleich der einheitlichen Larmorfrequenz ν_0 des Spinsystems ist. Es erfolgt ein exponentieller Abfall der Magnetisierungskomponente M_y (vgl. auch Abb. 7g). Unterscheidet sich jedoch die Anregungsfrequenz von der Larmorfrequenz der untersuchten Kerne ($\Delta\nu = \nu_0 - \nu \neq 0$), so wechseln ν_0 und ν ständig ihre Phasenbeziehung und im Empfänger werden ihre Interferenzen gemessen. Man beobachtet eine sinusförmige Modulation des FID (Abb. 8b). Infolge der vor sich gehenden Relaxation stellt das erhaltene Interferogramm eine gedämpfte Schwingung dar.

---

[1]) Feldinhomogenitäten führen stets dazu, daß der Abfall der Quermagnetisierung schnell erfolgt, als er durch T_2 vorausgesagt wird. Es ist deshalb zweckmäßig, mit der effektiven Relaxationszeit T'_2* zu rechnen, wobei gilt T_2* $< T_2$.

Liegen in der Probe Kerne unterschiedlicher Larmorfrequenz (d. h. unterschiedlicher Abschirmung) vor, so überlagern sich die FID's der einzelnen Frequenzen. Man erhält als Gesamt-FID ein komplexes Interferogramm,

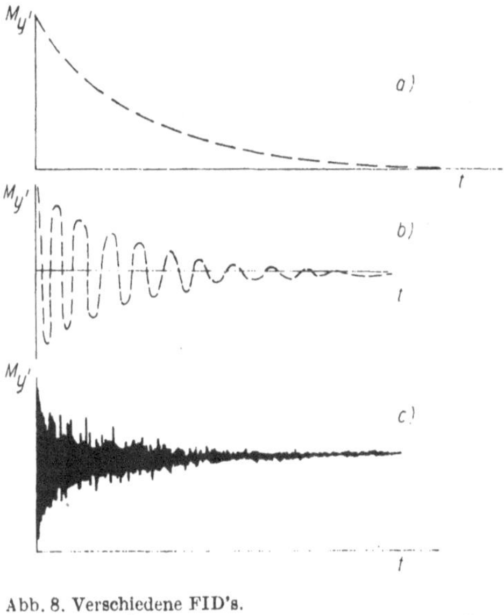

Abb. 8. Verschiedene FID's.
a) bei Übereinstimmung von Anregungs- und Larmorfrequenz;
b) bei unterschiedlicher Anregungs- und Larmorfrequenz;
c) bei Überlagerung verschiedener Einzel-FID's

das aus den genannten Gründen ebenfalls mit der Zeit exponentiell abklingt (Abb. 8c). Bei Einhaltung geeigneter experimenteller Bedingungen enthält das FID die gleichen Informationen wie ein konventionelles Frequenzspektrum, allerdings in einer Form, die nur noch mittels Computer ausgewertet werden kann.

2.3. *Protonen-Rauschentkopplung und Kern-Overhauser-Effekt*

Wie in den ^{1}H-NMR-Spektren werden auch in den ^{13}C-NMR-Spektren die Signale der einzelnen C-Atome durch Spin-Spin-Kopplung mit magnetisch aktiven Kernen weiter aufgespalten (vgl. Kap. 3.). Da Kopplungen von ^{13}C-Kernen untereinander infolge der geringen natürlichen Häufigkeit dieses Isotops im allgemeinen im Rauschen verschwinden, sind nur Kopplungen zwischen ^{13}C-Kernen und Protonen von Bedeutung. Dabei sind die Kopplungskonstanten zu benachbarten ^{1}H-Kernen > 120 Hz, Kopplungskonstanten zu weiter entfernteren Protonen sind dagegen wesentlich kleiner (unter 20 Hz; vgl. auch hierzu Kap. 3.). So besteht das ohne ^{1}H-Entkopplung aufgenommene ^{13}C-NMR-Spektrum aus Multipletts mit infolge weitreichender Kopplungen verbreiterten Peaks. Infolge der großen Direktkopplungen überlappen die Multipletts außerdem und gestalten das Spektrum noch unübersichtlicher. Als Beispiel hierfür zeigt Abb. 9a das gekoppelte ^{13}C-NMR-Spektrum eines einfachen Dicyclopentadienderivates.

Eine wesentliche Vereinfachung der Spektren und eine Erhöhung der Signalintensitäten kann durch die Eliminierung aller ^{13}C-^{1}H-Kopplungen erreicht werden. Dies ist durch ein Doppelresonanz-Verfahren möglich, bei dem das ^{13}C-NMR-Spektrum bei gleichzeitiger Einstrahlung eines breiten Frequenzbandes im Protonenbereich, das die Larmor-Frequenzen aller Protonen einschließt, beobachtet wird (vgl. Abb. 11c). Als Folge dieser sog. Breitband- oder Rauschentkopplung brechen alle ^{13}C-^{1}H-Kopplungen zusammen, d. h. alle durch ^{13}C-^{1}H-Kopplungen entstandenen Multipletts vereinfachen sich zu Singuletts, in denen die Gesamtintensität des ursprünglichen Multipletts vereinigt ist. Abb. 9b zeigt das entkoppelte ^{13}C-NMR-Spektrum des in Abb. 9a gekoppelt aufgenommenen Dicyclopentadienderivates und unterstreicht die gewonnene Übersichtlichkeit des Spektrums. Infolge des Intensitätsgewinns beobachtet man für das ^{13}C-Signal einer CH_2-Gruppe (nichtentkoppelter Fall-Triplett mit einer

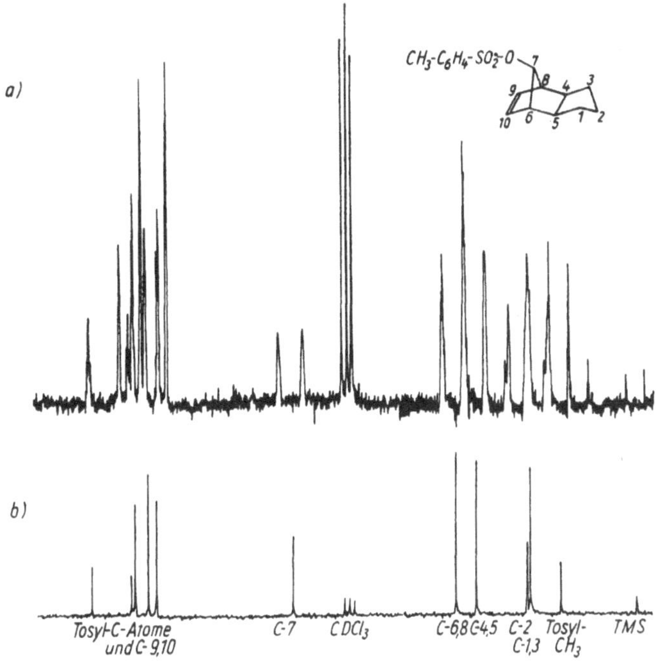

Abb. 9. Beispiel für ein PFT-^{13}C-NMR-Spektrum.
a) gekoppeltes und
b) ^1H-breitbandentkoppeltes ^{13}C-NMR-Spektrum des 7-Tosyl-(exo)-2,3-dihydro-dicyclopenta-diens

relativen Intensität der Einzellinien von 1:2:1) nun ein Singulett doppelter Intensität. Die Protonen-Rauschentkopplung führt also nicht nur zu einer Vereinfachung der Spektren, sondern gleichzeitig auch zu einer Verbesserung des Signal-Rausch-Verhältnisses.

Mit dieser Breitband-Entkopplung ist gleichzeitig eine weitere Verbesserung des Signal/Rausch-Verhältnisses hervorgerufen durch den KERN-OVERHAUSER-Effekt (abgekürzt NOE = **N**uclear **O**verhauser **E**ffect) verbunden. Durch die intensive Bestrahlung der Protonenresonanzen in der Probe wird die BOLTθMANN-Verteilung zwischen oberem und unterem ^{1}H-Energieniveau gestört. Im Grenzfall vollständiger Entkopplung wird der Besetzungsdichtenunterschied sogar völlig ausgeglichen. Die ^{13}C-Kerne, die mit den Protonen vor allem über die Spin-Gitter-Relaxation (vgl. Kap. 1.1.4.) wechselwirken, reagieren darauf durch eine Veränderung ihrer eigenen Energieniveaubesetzungen mit dem Ergebnis eines Überschusses von ^{13}C-Kernen im tieferen Energieniveau relativ zu der Besetzung, die nach der BOLTZMANN-Verteilung zu erwarten wäre. Experimentell bedeutet das verstärkte Absorption von Hochfrequenzenergie und somit Intensitätsgewinn.

Für den Intensitätszuwachs R eines ^{13}C-NMR-Signals durch den NOE bei Protonenentkopplung ist

$$R = 1 + \frac{\gamma(^1\mathrm{H})}{2\gamma(^{13}\mathrm{C})} \cdot \frac{T_1}{T_{1d}} \qquad (13)$$

zu erwarten, wobei T_1 die Spin-Gitter-Relaxationszeit (vgl. Kap. 1.1.4.) und T_{1d} ihr Beitrag ist, der von der dipolaren Wechselwirkung zwischen ^{13}C-Kernen und ^{1}H-Kernen hervorgerufen wird. Diese Beziehung ist in dreierlei Hinsicht interessant:

1. Für ^{13}C-Kerne, die ein oder mehrere Protonen tragen, ist der zuletzt erwähnte dipolare Beitrag T_{1d} zur Spin-Gitter-Relaxation dominierend. T_1 und T_{1d} werden folglich annähernd gleich groß und damit ihr Quotient 1. Für solche ^{13}C-Kerne wird der maximal mögliche Verstärkungsfaktor von $R = 1 + \gamma(^1\mathrm{H})/2\gamma(^{13}\mathrm{C}) = 2{,}988$ annähernd erreicht.

2. Für quartäre C-Atome ist der Verstärkungsfaktor des NOE praktisch Null, da der dipolare Beitrag T_{1d} zur

Spin-Gitter-Relaxationszeit infolge Fehlens direkt benachbarter Protonen unwirksam wird ($T_{1d} \gg T_1$). Da solche quartären C-Atome zudem die längsten Relaxationszeiten T_1 besitzen (i. allg. mehrere Sekunden), kommt es bei zu geringen Wartezeiten zwischen den Pulsen zu partieller Sättigung ihrer Signale. Aus diesen Gründen sind quartäre C-Atome im ^{13}C-NMR-Spektrum stets von sehr geringer Intensität.

3. Auch für Methyl-Gruppen-C-Atome ist der NOE-Verstärkungseffekt nicht optimal. Dies liegt an einem weiteren Beitrag zur Spin-Gitter-Relaxation, der Spin-Rotations-Relaxation (ausgedrückt durch $T_{1,sr}$) (vgl. auch hierzu Kap. 2.4.5.). Dieser Beitrag verkürzt bei ausgeprägter Rotation der Methylgruppen relativ zum Molekülrest die Relaxationszeit T_1, so daß $T_1 < T_{1d}$ wird und somit der nach Gl. (13) zu erwartende maximale Verstärkungsfaktor R nicht erreicht wird.

2.4. *Signalzuordnungen*

In einem ^{1}H-rauschentkoppelten ^{13}C-NMR-Spektrum erscheinen für alle nicht äquivalenten ^{13}C-Kerne Einzelsignale, sofern nicht noch Kopplungen mit anderen magnetischen Kernen (z. B. ^{19}F, ^{31}P u. a.) vorliegen. Es ist unter diesen Bedingungen oft nicht unproblematisch, den einzelnen C-Atomen der untersuchten Substanz die entsprechenden Signale zuzuordnen. Im folgenden sollen einige Methoden besprochen werden, die diese Signalzuordnung erleichtern.

2.4.1. *„off-resonance"-Entkopplung*

Durch die Protonenrauschentkopplung kann eine wesentliche Vereinfachung der ^{13}C-NMR-Spektren unter gleichzeitiger Erhöhung der Empfindlichkeit erreicht werden. Durch die Unterdrückung aller ^{13}C-^{1}H-Kopplungen werden allerdings auch wertvolle spektrale Informationen eliminiert, die speziell für die Unterscheidung quartärer, tertiärer, sekundärer und primärer C-Atome von Wichtigkeit sind. Um einen Teil dieser verlorenen Informationen zurückzugewinnen, wurde die Methode der „off-resonance"-Entkopplung entwickelt.

Dabei wird anstelle eines breiten Frequenzbandes in der Protonen-Rauschentkopplung etwas außerhalb der Protonenresonanzfrequenzen (einige 100 Hz) mit starker Amplitude eine feste Frequenz eingestrahlt (vgl. Abb. 11 b). Unter diesen Umständen bleibt der Verstärkungseffekt des NOE voll erhalten und die ^{13}C-^{1}H-Kopplungen sind gegenüber der Protonen-Breitbandentkopplung noch beobachtbar. Jedoch verkleinern sich diese Kopplungskonstanten im Vergleich zum nichtentkoppelten Spektrum, und zwar um so mehr, je dichter die eingestrahlte Zweitfrequenz an den Resonanzfrequenzen der Protonen liegt. In der Praxis kann mit einer Reduzierung der direkten ^{13}C-^{1}H-Kopplungskonstanten auf 10—50 Hz gerechnet werden (alle weitreichenden Kopplungen brechen zusammen). Damit werden die Überlappungen benachbarter Multipletts weitgehend ausgeschaltet und es entsteht ein übersichtliches Spektrum intensiver Multipletts erster Ordnung.

Als Beispiel hierfür zeigt Abb. 10b das „off-resonance"-Spektrum des in Abb. 10a abgebildeten rauschentkoppelten ^{13}C-NMR-Spektrums von einem 2,4-disubstituierten Tetrahydropyranderivat. Man beobachtet Quartetts für Methylgruppen, Tripletts für CH_2-Gruppen, Dubletts für CH-Gruppen und Singuletts für quartäre C-Atome. In diesen Multipletts ist allerdings das relative Intensitätsverhältnis der Teillinien, das bekanntlich den Binominalkoeffizienten entspricht (CH_2-Gruppe 1:2:1, CH_3-Gruppe 1:3:3:1) insofern verändert, als die Außenlinien breiter und somit intensitätsschwächer, die zentralen Linien stärker als im nicht-entkoppelten Spektrum sind.

Mit diesen Zusatzinformationen wird die Zuordnung der protonen-rauschentkoppelten ^{13}C-NMR-Spektren wesentlich erleichtert. In diesem Zusammenhang ist nochmals hervorzuheben, daß durch die „off-resonance"-Entkopplung die Hauptvorteile der Protonen-Rauschentkopplung

- Vereinfachung der Spektren
- Intensitätserhöhung durch den NOE
- Konzentrierung der Signalintensitäten

im wesentlichen beibehalten werden.

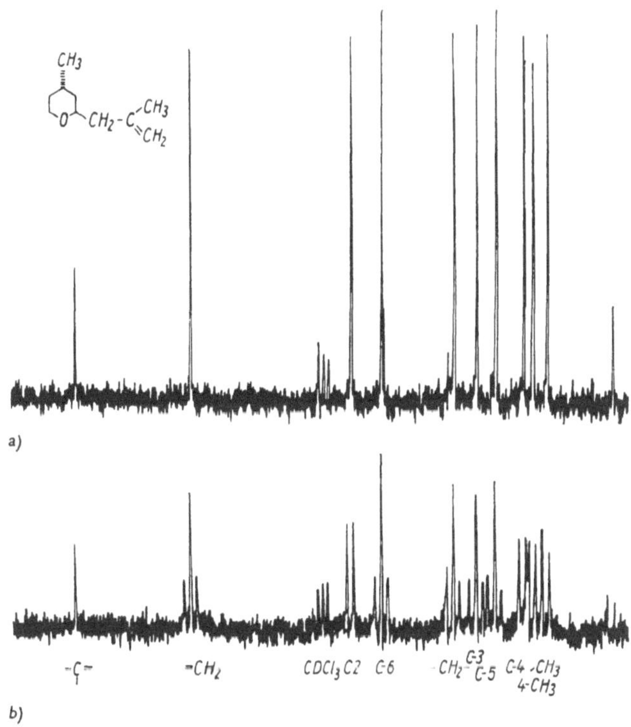

Abb. 10. Beispiel für ein PFT-^{13}C-NMR-Spektrum.
a) ^{1}H-breitbandentkoppeltes ^{13}C-NMR-Spektrum eines 2,4-disubstituierten Tetrahydropyranderivates im Vergleich zu seinem
b) „off-resonance"-Spektrum

2.4.2. *Selektive Protonenentkopplung*

Dieses Entkopplungsexperiment kann mit der aus der ^1H-NMR-Spektroskopie bekannten homonuklearen Entkopplung einzelner spin-spin-wechselwirkender Protonen verglichen werden. Dort wird eine Protonengruppe *A* mit Hilfe eines Zusatzfeldes seiner Absorptionsfrequenz bestrahlt und eine Protonengruppe *B* beobachtet, die mit *A* spin-spin-wechselwirkt, ob Entkopplungseffekte festzustellen sind. Dieses Prinzip wird als heteronucleares

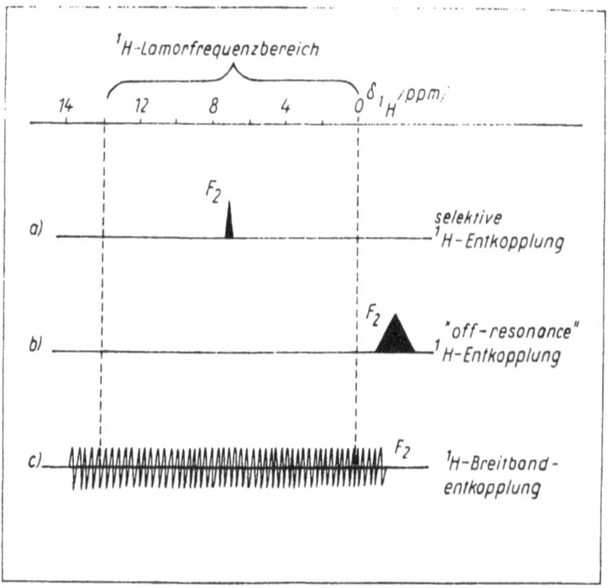

Abb. 11. Entkopplungstechniken, die in der PFT-^{13}C-NMR-Spektroskopie Anwendung finden.

a) selektive ^{1}*H*-Entkopplung mit schmaler Frequenz und geringer RF-Feldstärke;

b) „off-resonance"-Entkopplung mit fester Frequenz außerhalb des ^{1}*H*-Larmorfrequenzbereichs aber intensiver RF-Feldstärke;

c) ^{1}*H*-Breitbandentkopplung mit einem über alle Larmorfrequenzen der Protonen breiten Frequenzband

Entkopplungsexperiment auf die direkte Kopplung zwischen ^{1}H- und ^{13}C-Kernen übertragen.

Experimentell sieht das wie folgt aus:

Kann z. B. eine Protonenresonanz im ^{1}H-NMR-Spektrum exakt zugeordnet werden, ist es möglich, nur dieses Proton nach Messung seiner Absorptionsfrequenz mit einem Hochfrequenzfeld allerdings geringer Feldstärke zu bestrahlen. Auch dieses Experiment ist in Abb. 11 (a) enthalten. Das Ergebnis im ^{13}C-NMR-Spektrum besteht darin, daß das mit dem bestrahlten Proton verbundene C-Atom als scharfes Singulett beobachtet wird, da die direkte Kopplung ^{13}C-^{1}H zusammenbricht. Die anderen im ^{13}C-NMR-Spektrum enthaltenen C-Atome koppeln dagegen weiterhin, allerdings sind ihre direkten ^{13}C-^{1}H-Kopplungskonstanten analog dem „off-resonance"-Fall wesentlich verkleinert.

2.4.3. Signalzuordnung durch Isotopenmarkierung

Wie bereits in Abschn. 2.1.2. besprochen, können bestimmte C-Signale einer zu untersuchenden Substanz in ihrer Intensität erhöht werden, wenn es gelingt, diese Positionen selektiv über die natürliche Häufigkeit von 1,1% hinaus mit ^{13}C anzureichern. Auch das Umgekehrte, eine Anreicherung bestimmter Positionen mit ^{12}C über 98,9% hinaus, ist prinzipiell möglich. Es erfolgt dann eine Intensitätsabnahme der entsprechenden Signale im ^{13}C-NMR-Spektrum. Beide Verfahren haben infolge des hohen Aufwandes bei der Isotopenmarkierung nur begrenzte Bedeutung und werden vornehmlich bei biochemischen Untersuchungen angewandt.

Dagegen kommt der Zuordnung bestimmter Signale durch spezifische Deuterierung große Bedeutung zu, da präparative Deuterierungen acider Protonen wesentlich einfacher ausgeführt werden können. Der Ersatz eines H-Atoms durch Deuterium beeinflußt das ^{13}C-NMR-Spektrum vor allem durch die Spin-Spin-Kopplung. Im Gegensatz zum ^{1}H-Kern ($I = 1/2$) hat der ^{2}D-Kern den

Kernspin mit der Kernspinquantenzahl $I = 1$. Entsprechend der allgemeinen Multiplizitätsregel $M = 2nI + 1$ sind die bei einer ^{13}C-^{2}D-Kopplung entstehenden Aufspaltungsbilder von den einer ^{13}C-^{1}H-Kopplung verschieden. So erscheint eine CD-Gruppierung als Triplett (relative Intensitäten 1:1:1), eine CD_2-Gruppierung als Quintett (1:3:5:3:1) und eine CD_3-Gruppe als Septett (1:3:5:7:5:3:1). Durch diese Verteilung der Intensität des ^{13}C-Signals wird eine einwandfreie Zuordnung der Signale an den deuterierten Positionen möglich.

Ein interessanter Nebeneffekt ist die Veränderung der chemischen Verschiebung (vgl. Kap. 3.1.) der deuterierten C-Atome (+0,25 ppm pro D für H) und der benachbarten C-Atome (+0,1 ppm pro D für H), so daß damit ein zusätzliches Kriterium für die Zuordnung der Signale entsteht.

2.4.4. *Verschiebungsreagenzien*

Die Verwendung paramagnetischer Komplexe der Seltenen Erden als Verschiebungsreagenzien (shift-reagents) stellt eine der wichtigsten Entwicklungen der letzten Jahre in der NMR-Spektroskopie dar, die auch zur Zuordnung von ^{13}C-Signalen große Bedeutung hat.

Häufig verwendete Verschiebungsreagenzien sind:

Eu $(dpm)_3$ Pr $(dpm)_3$
Eu $(fod)_3$ Pr $(fod)_3$

wobei mit dpm der Di-pivaloyl-methanato-Rest, mit fod der 1,1,1,2,2,3,3-Heptafluoro-7,7-dimethyl-4,6-octan-dionato-Rest (s. Formel *I*) abgekürzt wird.

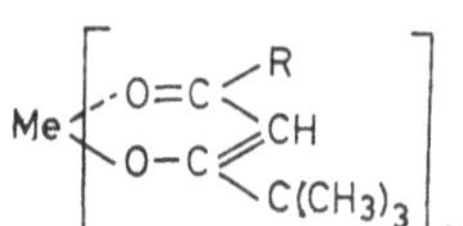

[I]

I

dmp: $R = C(CH_3)_3$
fod: $R = CF_3-CF_2-CF_2-$

Durch Wechselwirkung mit freien Elektronenpaaren aus polaren Gruppen wie $-OH$, $-NH_2$, $>C{=}O$, $-O-$, $-COOR$, $-CN$ kann sich die Koordinationszahl des Metalls erhöhen und die Substanz kann über ihre polaren Gruppen reversibel mit dem Lanthaniden-Komplex koordinieren. In dem gebildeten Komplex wirken die lokalen Magnetfelder des paramagnetischen Metallions auf die verschiedenen Kerne ein und verschieben ihre Signale im NMR-Spektrum um so mehr, je geringer der Abstand zwischen dem paramagnetischen Metallion und dem untersuchten Kern ist.

Es gibt 2 Mechanismen, durch die paramagnetische Ionen die chemischen Verschiebungen verändern können:

1. durch die Kontakt-Verschiebung, bei der es zu einer Beeinflussung der Kerne durch den ungepaarten Elektronenspin des paramagnetischen Ions über die Bindungen kommt
2. durch die Pseudo-Kontakt-Verschiebung, die ihren Ursprung in dem zusätzlichen Magnetfeld hat, das durch das paramagnetische Moment des Ions hervorgerufen wird und durch den Raum wirkt.

Bei Verwendung von Komplexen der Seltenen Erden als Verschiebungsreagenzien dominiert allgemein die Pseudo-Kontakt-Verschiebung, obwohl auch Kontakt-Beiträge — insbesondere für die ^{13}C-Kerne in unmittelbarer Nachbarstellung zur Koordinationsstelle — eine Rolle spielen können.

Die Pseudo-Kontakt-Verschiebung läßt sich durch den folgenden Ausdruck beschreiben:

$$\Delta H_i = K H_0 \left(\frac{3\cos^2\varphi_i - 1}{r_i^3}\right), \qquad (14)$$

wobei ΔH_i das zusätzliche Magnetfeld am Kern i, H_0 das angelegte äußere Magnetfeld, r_i der Abstand zwischen dem Metallion und dem Kern i und φ_i den Winkel zwischen der Hauptachse des Komplexes und der Verbindungslinie zwischen dem Metallion und dem Kern i bedeuten (s. Abb. 12). K ist für jede Substanz eine Konstante.

Dieser Ausdruck kann verwendet werden, um die Pseudo-Kontakt-Verschiebung (LIS-Werte = Lanthanide-induced-Shifts) für jeden Kern eines gegebenen Moleküls zu berechnen, sofern die Geometrie des Moleküls und

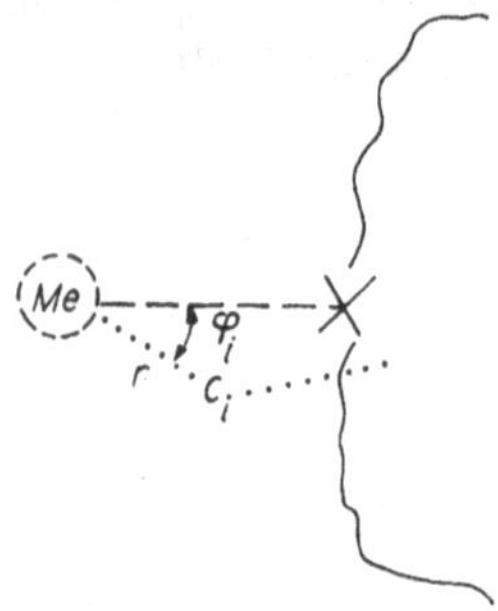

Abb. 12. Wechselwirkung eines Lanthaniden-Komplexes mit einer funktionellen Gruppe.
Me – Zentralatom des paramagnetischen Komplexes; *X* – koordinationsfähige polare Gruppe der Substanz; C_i – betrachtetes C-Atom der Substanz

die Orientierung des Lanthaniden-Komplexes bekannt sind. Umgekehrt ist es natürlich auch möglich, aus den gemessenen LIS-Werten Aussagen über die Geometrie des vorliegenden Moleküls zu machen.

Qualitativ soll die Anwendung der obigen Gleichung am ^{13}C-NMR-Spektrum des 4-tert. Butylcyclohexanons (*II*)

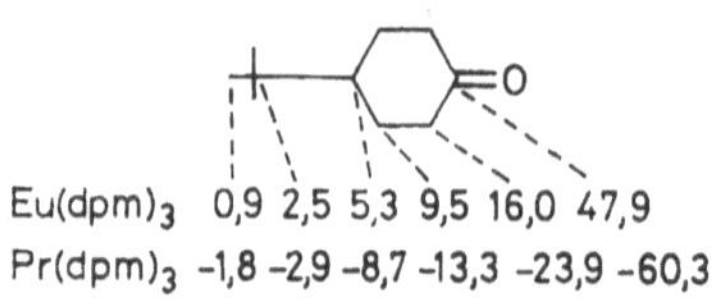

II

demonstriert werden. Aus den angegebenen LIS-Werten für $Eu(dpm)_3$ und $Pr(dpm)_3$ läßt sich erkennen, daß in Gl. (14) der Term r^{-3} — d. h. der Abstand zwischen dem an der Carbonylgruppe koordinierten Metallion und dem jeweiligen ^{13}C-Kern — dominiert. Die LIS-Werte nehmen mit größer werdendem Abstand der ^{13}C-Kerne von der Carbonylgruppe ab.

Die Verschiebungsreagenzien werden normalerweise in nicht polaren Lösungsmitteln wie CCl_4 oder $CDCl_3$ eingesetzt. Die induzierte Verschiebung ist dabei proportional der Konzentration des Verschiebungsreagenzes. Um die gemessenen Verschiebungen vergleichen zu können, ist es üblich, diese auf ein Molverhältnis Verschiebungsreagenz:Substanz von 1:1 zu extrapolieren. Die gemessenen Signale stellen Durchschnittswerte für das freie Molekül und das mit dem Verschiebungsreagenz koordinierte Molekül dar, die sich in einem schnellen Austausch befinden und deshalb nicht getrennt werden.

Die aufgeführten Verschiebungsreagenzien führen in Abhängigkeit vom Zentralatom zu Verschiebungen der Signale in unterschiedliche Richtungen (Eu-Komplex nach niederem Feld, Pr-Komplex nach höherem Feld). Weiter ist darauf hinzuweisen, daß das Komplexbildungsvermögen des Zentralatoms durch die Liganden beeinflußt wird. Die elektronen-ziehenden Fluoratome in fod erhöhen es. Es ist so möglich, die Basizität der polaren Gruppe des Substrats und die Acidität des Zentralatoms durch die Wahl geeigneter Liganden aufeinander abzustimmen.

Während bei der Verwendung von Verschiebungsreagenzien in der ^{1}H-NMR-Spektroskopie ein wesentlicher Gesichtspunkt die Spreizung einander überlappender Signale ist, geht es beim Einsatz dieser Reagenzien in der ^{13}C-NMR-Spektroskopie weniger um eine Vergrößerung der Signaltrennung, sondern um Informationen über den geometrischen Aufbau der Moleküle, die gleichzeitig eine Zuordnung der einzelnen Signale zu bestimmten C-Atomen ermöglichen.

2.4.5. Spin-Gitter-Relaxation

Mit der Entwicklung der Puls-FOURIER-Transform-Technik wurde es möglich, routinemäßig Spin-Gitter-Relaxationszeiten zu messen. Bereits im Kap. 1.1.5. wurde gezeigt, daß die Spin-Gitter-Relaxation die Art und Weise sowie die Geschwindigkeit der Übertragung „magnetischer Energie" zwischen magnetischen Kernen (Spin) und ihrer Umgebung (Gitter) beschreibt. Diese Übertragung kann nach verschiedenen Mechanismen erfolgen, die alle auf einer Wechselwirkung der durch das Gitter bedingten fluktuierenden Magnetfelder mit dem Spin beruhen. Durch die Wahl bestimmter Untersuchungsbedingungen wie z. B. durch Verwendung magnetisch inerter Lösungsmittel (enthalten keine magnetischen Kerne wie ^{1}H oder ^{19}F, Anwendung entsprechend hoher Verdünnungen) ist es möglich, die Spin-Gitter-Relaxation weitgehend auf intramolekulare Wechselwirkungen, d. h. auf fluktuierende Magnetfelder, die durch unmittelbar an den Kohlenstoff gebundene magnetische Kerne hervorgerufen werden, zurückzuführen. In organischen Verbindungen sind das vorwiegend H-Kerne, mit deren zunehmender Zahl die Spin-Gitter-Relaxationszeit T_1 des Kohlenstoffs abfällt. Als Beispiel für diese Abhängigkeit seien die T_1-Werte für die verschiedenen C-Atome des 2-Äthylpyridins angeführt, die für

$-CH_3$	$>CH_2$	$=C-H$	$=C-$	
14,5	20	21–23	68	s

betragen. Die Messung der Spin-Gitter-Relaxationszeit ermöglicht somit Aussagen über die Zahl der am C-Atom gebundenen H-Atome und stellt somit ein weiteres Hilfsmittel zur Zuordnung von ^{13}C-Signalen in protonenrausch-entkoppelten ^{13}C-NMR-Spektren dar.

Der mathematische Zusammenhang zwischen der Spin-Gitter-Relaxationszeit T_1 und der intramolekularen Dipol-Dipol-Wechselwirkung zwischen den Kernen ^{13}C und ^{1}H ist durch die folgende Gleichung gegeben:

$$1/T_1 \sim \gamma_H^2 \cdot \gamma_C^2 \, \tau/(r_{CH}^6), \tag{15}$$

in der γ_H und γ_C die gyromagnetischen Verhältnisse von ^{1}H und ^{13}C, r ihr Abstand und τ die Korrelationszeit für die Molekülrotation bedeuten. Es soll auf zwei Folgerungen hingewiesen werden, die sich unmittelbar aus dieser Gleichung ergeben:

1. Infolge seines großen gyromagnetischen Verhältnisses führt ^{1}H zu einer starken Verkürzung der T_1-Werte.
2. Die Relaxationszeit hängt von r^6 ab. Der Beitrag eines ^{1}H-Kerns zur Relaxation eines ^{13}C-Kerns fällt infolgedessen bei Vergrößerung ihres Abstandes so stark ab, daß nur die unmittelbar benachbarten Protonen zur Relaxationszeit des ^{13}C-Kerns beitragen.

Die Messung der Spin-Gitter-Relaxationszeit T_1 kann in eleganter Weise mit Hilfe der Spin-Echo-FOURIER-Transform-Methode erfolgen, die sich bei Verwendung eines rotierenden Koordinatensystems zur Darstellung der Magnetisierung (s. Kap. 2.2.2.) wie folgt veranschaulichen läßt.

Die bei thermischem Gleichgewicht zwischen Spin und Gitter in einem äußeren Magnetfeld auftretende Gleichgewichtsmagnetisierung entlang der z-Richtung (Abb. 13a) wird durch einen 180°-Impuls in die $-z$-Richtung gedreht (Abb. 13b). Durch Spin-Gitter-Relaxation versucht das System ins thermische Gleichgewicht zurückzukommen. Dies ist mit einem Abbau der Magnetisierung in $-z$-Richtung und ihrem Wiederaufbau in z-Richtung verknüpft (Abb. 13c).

Durch Einwirken eines 90°-Impulses kann die vorhandene Magnetisierung in die x,y-Ebene gedreht werden (13d) und durch Messung des FID die zum gewählten Zeitpunkt t vorhandene Magnetisierung gemessen werden. t bedeutet den zeitlichen Abstand zwischen 180°- und 90°-Impuls. Ist $t < T_1 \ln 2$, so beobachtet man in dem nach der

FOURIER-Transformation des FID erhaltenen Frequenzspektrums ein Emissionssignal, da die Magnetisierung zu diesem Zeitpunkt noch in die $-z$-Richtung zeigt. Für $t > T_1 \ln 2$ wird dagegen ein normales Absorptionssignal erhalten, da jetzt die Magnetisierung in die z-Rich-

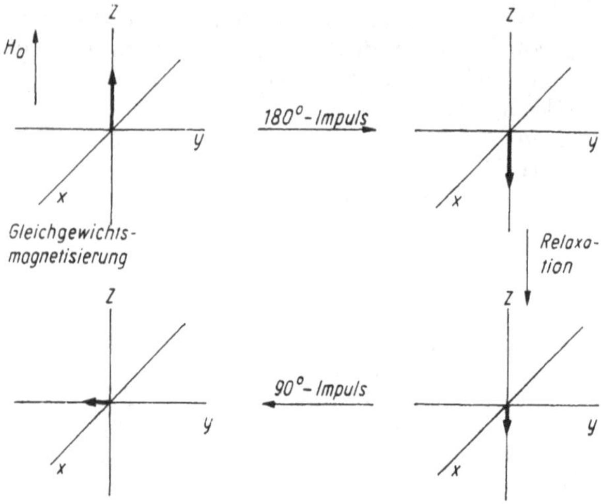

Abb. 13. Schematische Darstellung von Messungen der Spin-Gitter-Relaxationszeit in einem rotierenden Koordinatensystem

tung infolge der fortschreitenden Spin-Gitter-Relaxation bereits wieder überwiegt. Für $t = T_1 \ln 2$ hat das Signal die Intensität Null und verschwindet, da zu diesem Zeitpunkt die gleiche Magnetisierung in $+z$- und $-z$-Richtung vorliegt.

In der Praxis läßt man nach dem 180°-Impuls verschiedene Zeiten t bis zum 90°-Impuls verstreichen und erhält so in Abhängigkeit von der 180°/90°-Pulsfolge Signale verschiedener Intensität für jedes C-Atom. Für $t = 0$ wird maximale Emission ($-I^*$) beobachtet, für $t = \infty$ maximale Absorptionsintensität ($+I^*$). Für alle anderen Zeiten t

gilt für jedes einzelne Signal $I(t) = I^*(1 - 2e^{-t/T_1})$. Mit Hilfe dieser Beziehung läßt sich T_1 leicht graphisch ermitteln. Als Beispiel ist in Abb. 14 die T_1-Bestimmung aller ^{13}C-Kerne des bereits oben erwähnten Äthylpyridins dargestellt.

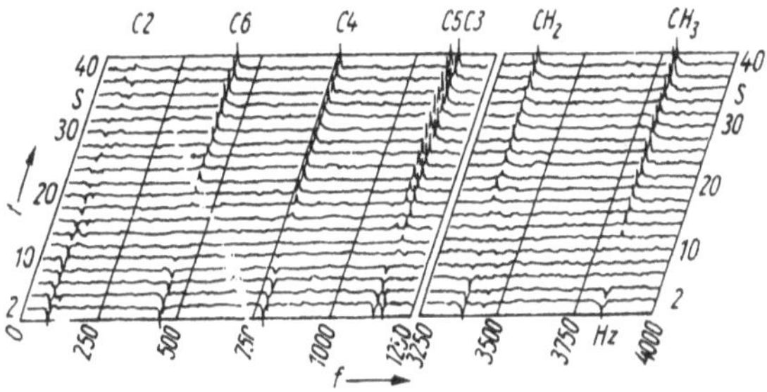

Abb. 14. Bestimmung der Spin-Gitter-Relaxationszeiten T_1 des Äthylpyridins [105]

3. Parameter der ^{13}C-NMR-Spektroskopie

Aus einem NMR-Spektrum lassen sich folgende Parameter entnehmen:

a) *Anzahl der Signale bzw. Signalgruppen*

Der ^{13}C-Resonanzbereich ist wesentlich größer als der ^{1}H-Resonanzbereich. Als Folge davon geben bereits geringe Unterschiede im Bindungszustand der einzelnen ^{13}C-Kerne zu deutlich getrennten Signalen Anlaß. Aus der Anzahl der getrennt auftretenden Signale läßt sich somit die Anzahl der nicht gleichartig gebundenen ^{13}C-Kerne ablesen. Als Beispiel für die Leistungsfähigkeit der ^{13}C-NMR-Spektroskopie in dieser Hinsicht sei das Spektrum des Vitamin B_{12} angeführt, in dem 59 verschiedene Resonanzfrequenzen beobachtet werden, die entsprechend 59 nicht äquivalente C-Atome anzeigen.

b) *Chemische Verschiebung (Lage der Signale)*

Als ein vom äußeren Magnetfeld unabhängiger Parameter für die Signallage ist die chemische Verschiebung gemäß

$$\delta = \frac{\nu_P - \nu_R}{\nu_0} \tag{16}$$

ν_P — Resonanzfrequenz eines ^{13}C-Kerns in der Probe;
ν_R — Resonanzfrequenz der Bezugssubstanz;
ν_0 — Arbeitsfrequenz des Spektrometers

definiert.

Da $\nu_P - \nu_R$ in Hz, ν_0 in MHz ausgedrückt werden, ergibt sich für den dimensionslosen Parameter δ die Einheit 10^{-6} bzw. ppm (parts per million). Als Bezugssubstanz wird in der ^{13}C-NMR-Spektroskopie heute — ebenso wie in der ^{1}H-NMR-Spektroskopie — nahezu ausschließlich Tetramethylsilan (TMS) verwendet, dem definitionsgemäß der δ-Wert 0 zugeschrieben wird. Mitunter noch anzutreffende andere Bezugssubstanzen wie Hexamethyldisiloxan (HMDS), Schwefelkohlenstoff (CS_2) oder Benzol (C_6H_6) lassen sich nach den Beziehungen

$$\delta_{TMS} = 1{,}91 + \delta_{HMDS}$$

$$\delta_{TMS} = 192{,}8 - \delta_{CS_2}$$

$$\delta_{TMS} = 128{,}7 - \delta_{C_6H_6}$$

in die gebräuchliche TMS-Skala umrechnen.

Die δ-Werte werden vom TMS nach links positiv gerechnet. Alle δ-Werte in den Tabellen dieses Buches sind relativ zu TMS angegeben.

Zur Kennzeichnung der Lage eines Resonanzsignals gegenüber einem anderen sind eine Reihe unterschiedlicher Ausdrücke in Gebrauch, die nebeneinander verwendet werden. Ihre Bedeutung ist aus der folgenden Zusammenstellung ersichtlich.

300 ppm	0 ppm
paramagnetische Verschiebung	diamagnetische Verschiebung
← δ	→
Verschiebung nach tiefem Feld verringerte Abschirmung	Verschiebung nach hohem Feld erhöhte Abschirmung

c) *Intensitätsverhältnis der Signale*

In der NMR-Spektroskopie versteht man unter der Signalintensität S die Fläche unter dem Resonanzsignal, die i. allg. als Integralstufenkurve ins Spektrum eingezeichnet wird. Da die Signalintensitäten von den apparativen Bedingungen des Gerätes abhängig sind, ermittelt man nicht ihre absoluten Werte, sondern die Intensitätsverhältnisse der einzelnen Signale. Während in der ^{1}H-NMR-Spektroskopie die Intensität eines Signals direkt proportional der Anzahl der ^{1}H-Kerne, die dieses Signal hervorrufen, ist, gilt diese Beziehung in der ^{13}C-NMR-Spektroskopie nicht streng.

In den protonen-rauschentkoppelten Spektren existiert zwar auch Proportionalität zwischen der Anzahl der ^{13}C-Kerne und der Signalintensität, allerdings sind die Proportionalitätskoeffizienten für die unterschiedlichen C-Atome in Abhängigkeit vom NOE bzw. partieller Sättigung der Signale unterschiedlich.

Dennoch sind insbesondere zur Untersuchung von Konformations- und Tautomeriegleichgewichten quantitative Messungen durch Vergleich der Intensitäten verschiedener Signale vorgenommen worden. Vergleicht man dabei die Intensitäten von ^{13}C-Kernen mit gleicher H-Substitution, so ergeben sich meist vernünftige Ergebnisse.

Auch durch Zusatz sog. Relaxationsreagenzien (vgl. [1]) — Beispiele dafür sind paramagnetische Komplexe wie Eisen- oder Chromacetyl-acetonat — kann der Kern-Overhauser-Effekt unter Umständen unterdrückt werden. Dabei entfallen die durch den NOE hervorgerufenen Intensitätsänderungen, so daß primäre, sekundäre, tertiäre und quartäre C-Atome mit vergleichbarer Intensität erscheinen.

d) *Multiplizität (Aufspaltung der Signale)*

Als Folge der indirekten Spin-Spin-Kopplung kommt es im NMR-Spektrum zu Signalaufspaltungen, die ihre Ursache im magnetischen Moment benachbarter Kerne haben. Beim Vorliegen von Spektren 1. Ordnung ergibt sich die Multiplizität M dabei zu

$$M = 2nI + 1\,, \tag{17}$$

wobei n die Zahl der benachbarten magnetischen Kerne, I ihre Kernspinquantenzahl bedeuten. Für Kerne wie ^{1}H und ^{13}C mit $I = 1/2$ vereinfacht sich diese Beziehung zu

$$M = n + 1\,. \tag{18}$$

Die Multiplizität eines Signals gibt somit Auskunft über die Zahl benachbarter magnetischer Kerne. Koppeln mit einem Kern mehrere verschiedene Sätze äquivalenter Kerne, so ergibt sich

$$M = (2n_1I_1 + 1)\,(2n_2I_2 + 1)\,.$$

Wie bereits erwähnt (s. Kap. 2.3.) spielen infolge der geringen natürlichen Häufigkeit des ^{13}C-Isotops homonucleare ^{13}C-^{13}C-Kopplungen in Routinespektren keine Rolle. Ihr Fehlen erleichtert die Analyse von ^{13}C-NMR-Spektren erheblich. Dagegen führen die heteronuclearen Kopplungen zwischen ^{13}C-Kernen und benachbarten ^{1}H-Kernen zu starken Multiplettsaufspaltungen. Sie besitzen in erster Linie in der ^{13}C-NMR-Spektroskopie Bedeutung. In gleicher Weise sind auch Kopplungen zwischen dem ^{13}C-Kern und ^{15}N, ^{19}F, ^{31}P (in allen Fällen $I = 1/2$) sowie ^{2}H ($I = 1$) möglich, die in entsprechenden Heteroverbindungen von Wichtigkeit sind.

Die relativen Intensitäten der Multiplettsignale, die vom statistischen Gewicht der Kernspinzustände der benachbarten Atome abhängen, verhalten sich bei Kopplungen zwischen Kernen mit $I = 1/2$ wie die n'ten Binominalkoeffizienten (PASCALsches Dreieck).

e) *Kopplungskonstanten* (*Größe der Aufspaltung*)

Die Kopplungskonstante J ist ein Maß für die Stärke der indirekten Spin-Spin-Kopplung und ist definiert als Abstand benachbarter Einzellinien in einem Multiplett. Sie wird in Hz gemessen und ist von der Arbeitsfrequenz des Gerätes unabhängig. Ihre Größe wird durch Faktoren wie Art und Abstand der koppelnden Kerne, Art der Bindungen zwischen diesen Kernen sowie durch die geometrische Anordnung der koppelnden Kerne zueinander (Konfiguration, Konformation) bestimmt. In der ^{13}C-NMR-Spektroskopie geben insbesondere die ^{13}C-^{1}H-Kopplungskonstanten sowie die Kopplungskonstanten des ^{13}C-Kerns mit den oben genannten Heteroatomen Aussagen zur Struktur der vorliegenden Verbindungen.

Für die Auswertung von ^{13}C-NMR-Spektren zur Strukturaufklärung kommt von den angeführten Parametern der *Chemischen Verschiebung*, aber auch den *Kopplungskonstanten* die größte Bedeutung zu.

Sie sollen im folgenden in ihrer Abhängigkeit von der Struktur der zu untersuchenden Verbindung ausführlich besprochen werden.

3.1. *Die ^{13}C-chemische Verschiebung*

3.1.1. *Theoretische Aspekte der Abschirmung von ^{13}C-Kernen*

Analog zur ^{1}H-NMR-Spektroskopie kommt die ^{13}C-chemische Verschiebung infolge der unterschiedlich starken Abschirmung der einzelnen ^{13}C-Kerne durch die sie umgebende Elektronenhülle zustande. Dies ist im einfachsten Falle so vorstellbar, daß beim Einbringen eines Atoms in ein Magnetfeld H_0 in den Elektronenbahnen

Kreisströme induziert werden, die ein dem äußeren Feld entgegengerichtetes schwaches Magnetfeld H' hervorbringen (Abb. 15). Die Größe dieses Feldes H' ist dem angelegten Feld H_0 proportional:

$$H' = \sigma \cdot H_0. \tag{20}$$

Der Zahlenwert der Proportionalitätskonstante σ, der sog. Abschirmungskonstante, hängt von der Elektronen-

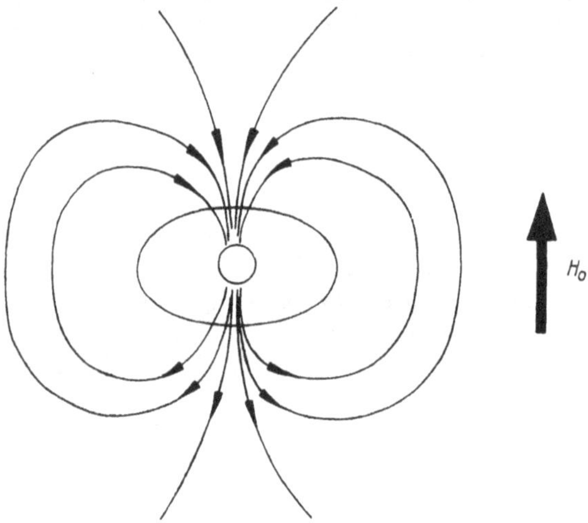

Abb. 15. Diamagnetische Abschirmung eines Kerns in einem isolierten Atom

anordnung um den betreffenden Kern ab und läßt sich für freie Atome berechnen. Als Folge dieser Abschirmung herrscht am Ort eines ^{13}C-Kerns ein geschwächtes Magnetfeld H, das sich zu

$$H = H_0 - H' = H_0(1 - \sigma) \tag{21}$$

ergibt.

Eine Übertragung dieser einfachen Vorstellung der induzierten Kreisströme auf Moleküle ist aus mehreren Gründen nicht ohne weiteres möglich; es seien nur die

Aufhebung der sphärischen Symmetrie der Elektronenverteilung sowie die Behinderung der Kreisströme der einzelnen Atome in Molekülen genannt. Zusätzlich ist der Einfluß der durch die Kreisströme in benachbarten Atomen oder Atomgruppen hervorgerufenen Magnetfelder sowie — bei Untersuchungen in Lösung — der Einfluß des Lösungsmittels zu berücksichtigen.

Es hat sich daher als zweckmäßig erwiesen, die Abschirmungskonstante in eine Summe von Einzelkomponenten aufzuspalten:

$$\sigma = \sigma_d + \sigma_p + \sigma_N + \sigma_s . \tag{22}$$

Dabei stellen σ_d den diamagnetischen, σ_p den paramagnetischen Abschirmungsbeitrag, σ_N den Abschirmungsbeitrag durch benachbarte Atome oder Atomgruppen und σ_s den Einfluß von Konzentration und Lösungsmittel auf die Abschirmung dar.

Die Wichtigkeit dieser einzelnen Beiträge für das Zustandekommen der Chemischen Verschiebung in der ^{1}H-NMR- und ^{13}C-NMR-Spektroskopie ist allerdings verschieden. Während der Einfluß des Terms σ_N in beiden Spektroskopiearten als nahezu gleich einzuschätzen ist und der Einfluß von σ_s auf die ^{13}C-Kerne vernachlässigbar ist — beide Effekte sollen deshalb auch nicht weiter besprochen werden — sind die Einflüsse von σ_d und σ_p recht unterschiedlich. Während die Chemischen Verschiebungen von Protonen vorwiegend von σ_d abhängen, wird die Chemische Verschiebung von ^{13}C-Kernen vor allem durch den paramagnetischen Abschirmungsterm σ_p bestimmt.

Die beiden Terme σ_d und σ_p rühren von den unmittelbar am betrachteten Kern gebundenen Elektronen her (lokale Abschirmungsterme). Dabei entspricht der Term σ_d den durch induzierte Kreisströme in den Atomen hervorgebrachten Abschirmungsanteil. Er wird durch benachbarte Atome lediglich infolge geringer Elektronendichteveränderungen beeinflußt. Solche Veränderungen sind in der ^{13}C-NMR-Spektroskopie gering. Nach theoretischen Berechnungen beträgt die Änderung der Chemischen Verschiebung bei Einführung eines zusätzlichen Elektrons in das 2 p Orbital eines C-Atoms nach diesem Mechanismus für das an diesem sitzende Proton ca. 14 ppm. Dies ist für Protonen mit einem Resonanzbereich von ca. 15 ppm sehr viel, für die ^{13}C-Kerne mit dem wesentlich größeren Bereich von ca. 300 ppm von untergeordneter Bedeutung.

Der bereits erwähnten Hemmung induzierter Kreisströme in Molekülen wird durch Berücksichtigung des paramagnetischen Terms σ_p Rechnung getragen, der dem diamagnetischen entgegengerichtet ist und den Wert der Abschirmungskonstante verkleinert. Mit anderen Worten: In Molekülen hängt die Leichtigkeit, mit der Elektronen auf Kreisbahnen umlaufen können, von der Orientierung zum äußeren Feld ab. Der paramagnetische Term berücksichtigt diese diamagnetische Anisotropie der Elektronenverteilung im Molekül und ist wie der diamagnetische Term temperaturunabhängig. Er hat nichts mit dem normalen temperaturabhängigen Paramagnetismus zu tun, der auf einen ungepaarten Elektronenspin im Grundzustand zurückgeht. Mathematisch betrachtet entspricht die paramagnetische Abschirmung einer unter dem Einfluß des Magnetfeldes vor sich gehenden Mischung der Grundzustands-Elektronenkonfiguration mit niedrig liegenden angeregten Zuständen geeigneter Symmetrie. Aus diesem Grund ist eine paramagnetische Abschirmung eines Protons nicht zu erwarten, da die zur Verfügung stehenden angeregten Elektronenzustände in ihrer Energie zu hoch liegen, um in erheblichem Maße zu einer solchen Mischung beitragen zu können. Dagegen spielt die paramagnetische Abschirmung auf Grund der Tatsache, daß p-Elektronen wesentlich leichter angeregt werden können, für den ^{13}C-Kern eine erhebliche Rolle.

Für die Größe des paramagnetischen Abschirmungsbeitrages σ_p wurde folgender Ausdruck abgeleitet:

$$\sigma_p = -\frac{e^2\hbar^2}{2m^2c^2} (\Delta E)^{-1} \langle r^{-3}\rangle_{2p} \left[Q_{NN} + \sum_{\beta \neq N} Q_{NB}\right]. \qquad (23)$$

Nach dieser Gleichung werden unterschiedliche Werte von σ_p durch folgende Größen bedingt:

1. den mittleren Radius r der 2p Orbitale am Kern N
2. der mittleren Elektronen-Anregungsenergie ΔE
3. den Elementen der Ladungsdichte/Bindungsordnungsmatrix im MO-Formalismus Q_{NN} und Q_{NB}, die von der Ladungsdichte bzw. der π-Bindungsordnung bestimmt werden.

Für eine nur qualitative Diskussion dieser Gleichung soll auf folgende Punkte hingewiesen werden:

Ein Eindruck vom relativ anonymen Begriff der mittleren Anregungsenergie ist unter Heranziehen der UV-Spektren der untersuchten Verbindungen zu gewinnen. Während in den Alkanen die $\sigma \rightarrow \sigma^*$-Übergänge relativ energiereich sind, haben ungesättigte Verbindungen $\pi \rightarrow \pi^*$-Übergänge, die geringere Energiebeträge erfordern. Setzt man nun voraus, daß diese Unterschiede im UV-Spektrum parallele Änderungen im ΔE-Wert anzeigen, so hat man unter Anwendung von Gl. (23) eine Erklärung für die weniger starke Abschirmung ungesättigter C-Atome gegenüber gesättigten.

Die Größe von r wird hauptsächlich durch die effektive Kernladung bestimmt. Die Erhöhung der Elektronendichte an einen gegebenen C-Atom N führt zu einer Ausdehnung der 2p Orbitale und damit zu einer Vergrößerung von r. Kohlenstoffatome hoher Elektronendichte erfahren deshalb eine geringe paramagnetische Abschirmung und ergeben Resonanzsignale bei kleineren Werten der Chemischen Verschiebung als solche mit niedrigerer Elektronendichte. Wegen der Abhängigkeit von der 3. Potenz des mittleren Orbitalradius ist der Einfluß von Elektronendichteveränderungen besonders ausgeprägt. Theoretische Betrachtungen haben gezeigt, daß ein zusätzliches Elektron auf einem 2p Orbital eine Hochfeldverschiebung des entsprechenden Signals von etwa 160 ppm mit sich bringt. Daraus folgt, daß von den Größen, die den paramagnetischen Abschirmungsbeitrag bestimmen, der Term r^{-3} der dominierende ist.

Der Term $\sum Q_{NB}$ nimmt in gesättigten Kohlenwasserstoffen und Alkinen den Wert 0 an. Für Alkene und Aromaten weist er dagegen einen Wert von 0,4—0,6 auf. Auch durch $\sum Q_{NB}$ wird somit für ungesättigte C-Atome eine Tieffeldverschiebung gegenüber gesättigten oder acetylenischen C-Atomen angezeigt.

Trotz dieser vorhandenen Einsichten in das Zustandekommen sind heute Vorherberechnungen von Chemischen Verschiebungen nach wie vor problematisch bzw. für komplizierte Moleküle nicht möglich. Es ist deshalb üblich, das Zustandekommen Chemischer Verschiebungen mit Hilfe solcher dem Chemiker vertrauten Termini wie Hybridisierung, induktiver, mesomerer und sterischer Effekt zu diskutieren, wobei der Zusammenhang dieser Größen mit den in Gl. (23) vorkommenden offensichtlich ist.

3.1.2. Halbempirische Zusammenhänge von ¹³C-chemischer Verschiebung und Molekülstruktur

3.1.2.1. Einfluß der Hybridisierung

Wie aus Abb. 16 hervorgeht, ist die Hybridisierung eines C-Atoms, die die räumliche Elektronenverteilung in den Orbitalen angibt, von entscheidendem Einfluß auf den Bereich der Chemischen Verschiebung, in dem das ^{13}C-NMR-Signal zu erwarten ist. Aus der Reihenfolge

$$\delta_{sp^3} < \delta_{sp} < \delta_{sp^2}$$

geht hervor, daß diese parallel zur Änderung der ^{1}H-chemischen Verschiebung mit der Hybridisierung der den Protonen benachbarten C-Atome verläuft. Da in der ^{1}H-NMR-Spektroskopie jedoch vornehmlich Anisotropieeffekte der Mehrfachbindungen für diese Reihenfolge entscheidend sind, sollte diese Parallelität zufällig sein.

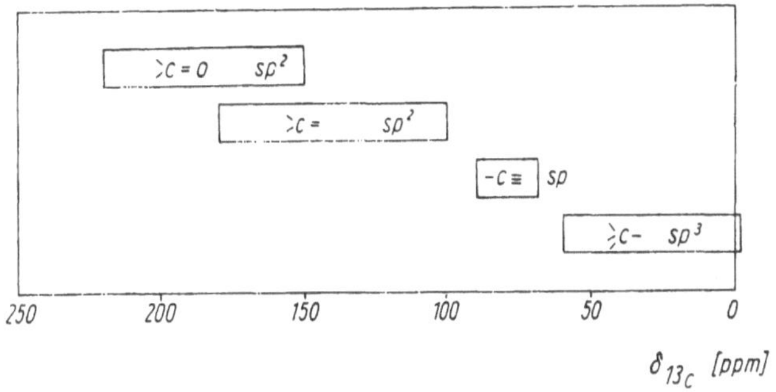

Abb. 16. ^{13}C-chemische Verschiebung von Kohlenstoffatomen in Abhängigkeit von ihrer Hybridisierung

3.1.2.2. Einfluß elektronischer Effekte

Induktiver Effekt

Wird in einer Kohlenstoffkette ein Wasserstoffatom durch einen Substituenten mit $+I$- oder $-I$-Effekt ersetzt, so sind markante Veränderungen der ^{13}C-chemischen Verschiebungen bis hin zum δ-C-Atom festzustellen. Beispiele dafür sind Tab. 2 zu entnehmen, in der für einige Substituenten unterschiedlicher Elektronegativität die Veränderung der Chemischen Verschiebung der einzelnen C-Atome im Cyclohexanring zusammengestellt sind. Für das α-C-Atom ist eine deutliche, oft lineare Verschiebung nach tieferem Feld mit zunehmender Elektronegativität des Substituenten zu erkennen. Dieser Effekt setzt sich jedoch nicht — wie zunächst zu erwarten — unter fortlaufender Abschwächung auf die übrigen C-Atome in β-, γ- und δ-Stellung fort. Vielmehr wird das β-C-Atom unabhängig von der Elektronegativität des Substituenten um einen etwa konstanten Betrag nach höheren δ-Werten verschoben. Obwohl dafür gegenwärtig keine eindeutige Erklärung gegeben werden kann, ist diese Tatsache für Zuordnungsprobleme von Wichtigkeit. Die Beeinflussung des γ-C-Atoms erfolgt gegenüber dem α- und β-Effekt sogar in umgekehrter Richtung (negative Verschiebungswerte in Tab. 2). Es wird darauf bei der Besprechung der sterischen Effekte noch näher eingegangen werden. Schließlich wird das δ-C-Atom — sofern nicht besondere sterische Verhältnisse vorliegen — in seiner Chemischen Verschiebung nur noch in geringem Maße durch den Substituenten X beeinflußt. Es läßt sich also eindeutig er-

Tabelle 2

Veränderungen der ¹³C-chemischen Verschiebungen (ppm) im Cyclohexan durch Substituenten unterschiedlicher Elektronegativität [3]

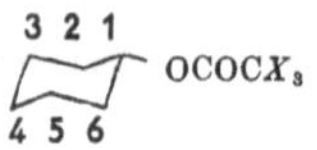

CX_3	Stellung	$\Delta\delta_{C-1}$	$\Delta\delta_{C-2,6}$	$\Delta\delta_{C-3,5}$	$\Delta\delta_{C-4}$
$-CH_3$	*a*	+42,5	+2,5	−6,4	−1,7
	e	+45,9	+4,9	−2,4	
$-CH_2Cl$	*a*	+43,0	+2,4	−6,2	−1,6
	e	+47,5	+4,8	−2,4	
$-CHCl_2$	*a*	+46,5	+2,2	−6,5	−2,0
	e	+49,6	+4,3	−2,6	
$-CCl_3$	*a*	+49,0	+2,0	−6,4	−2,0
	e	+51,9	+4,1	−2,6	

kennen, daß der induktive Einfluß zur Erklärung der β- und γ-Effekte nicht ausreicht, sondern daß dazu weitere, häufig mit entgegengesetztem Vorzeichen wirkende Effekte wie z. B. intramolekulare Felder der Substituenten oder die noch zu besprechenden sterischen Effekte herangezogen werden müssen.

Oft nicht oder nur schwer von dem induktiven Effekt, der über die Bindungen weitergeleitet wird, zu trennen sind diese eben erwähnten Feldeffekte. Sie treten auf, wenn in Molekülen Gruppen mit permanenten elektrischen Dipolen vorhanden sind (z. B. $>C{=}O$, $-NO_2$, $-NH_3^+$), deren elektrische Felder durch den Raum auf andere C-Atome einwirken und ebenfalls Veränderungen der Abschirmung hervorrufen.

Mesomerer Effekt

In ungesättigten Verbindungen kann ein Substituent X durch seinen $+M$- oder $-M$-Effekt die Elektronendichten im konjugierten System beeinflussen und somit zu Veränderungen der ${}^{13}C$-chemischen Verschiebung an den C-Atomen führen.

So werden durch Substituenten an Aromaten in Abhängigkeit vom Vorzeichen ihres mesomeren Effektes relativ große Elektronendichteänderungen an den ortho- und para-Kohlenstoffatomen, weniger starke an den meta-Kohlenstoffen hervorgerufen, die sich in den ${}^{13}C$-chemischen Verschiebungen widerspiegeln. In derartigen Verbindungen lassen sich sehr erfolgreich Korrelationen zwischen den ${}^{13}C$-chemischen Verschiebungen und dem HAMMETTschen σ-Konstanten der Substituenten, die eine Maßzahl für deren elektronenziehende oder -schiebende Wirkung sind, vornehmen. Ein Beispiel dafür zeigt Abb. 17, in der für eine Reihe monosubstituierter Benzole die ${}^{13}C$-chemische Verschiebung der zu den Substituenten para-ständigen C-Atome gegen deren σ_p^+-Konstante aufgetragen sind. In gleicher Weise können die ${}^{13}C$-chemischen Verschiebungen auch mit Elektronendichten korreliert werden, die durch MO-Berechnungen erhalten wurden.

3.1.2.3. *Einfluß sterischer Effekte*

Besonders attraktiv für den Chemiker ist die charakteristische Abhängigkeit der ${}^{13}C$-chemischen Verschiebungen von der Stereochemie der Moleküle. Dabei sind insbesondere γ- und δ-Effekte als molekülgeometrische Sonden von Bedeutung.

γ-gauche-Effekt

Eine mögliche Erklärung für die gefundene Hochfeldverschiebung eines γ-Substituenten ist die folgende. Bei einer gauche-Anordnung zwischen Substituent und γ-C-

Atom kann es unter Einbeziehung an diesen sitzender Protonen zur Ausbildung eines pseudo-Sechsringes kommen, in dem als Folge einer „sterischen Kompression“

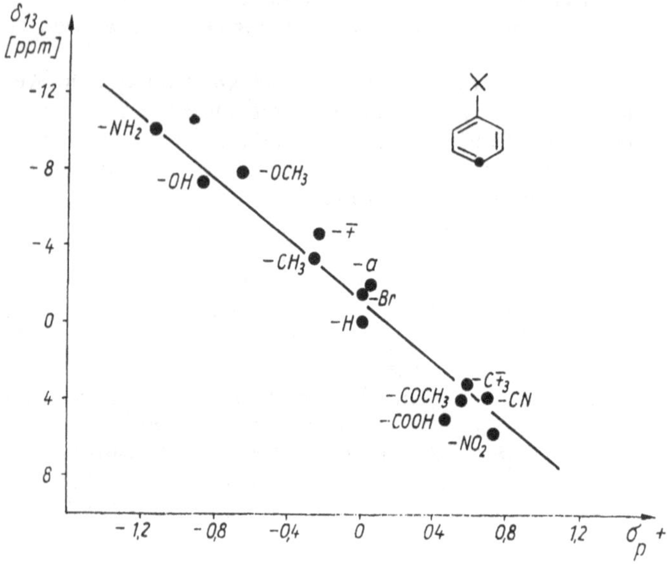

Abb. 17. Zusammenhang zwischen der ¹³C-chemischen Verschiebung von p-C-Atomen und den HAMMETTschen $\sigma_p{}^+$-Konstanten in substituierten Benzolen

der terminalen C—H-Bindungen und der damit verbundenen Elektronenpolarisation (in Formel *III* angedeutet)

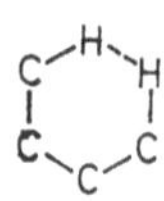

III

eine charakteristische Verschiebung des Signals des γ-C-Atoms nach kleineren δ-Werten der Chemischen Verschiebung erfolgt. Bei einer γ-trans-Anordnung ist die

Ausbildung eines solchen Sechsringes nicht möglich. Dieser Effekt tritt besonders deutlich dann in Erscheinung, wenn die γ-gauche-Anordnung geometrisch fixiert ist, wie das teilweise in cyclischen Verbindungen der Fall ist. Dies soll an zwei Beispielen in Tab. 3 erläutert werden.

Tabelle 3

^{13}C-chemische Verschiebungen γ-ständiger C-Atome in Abhängigkeit von der Konformation der Substituenten

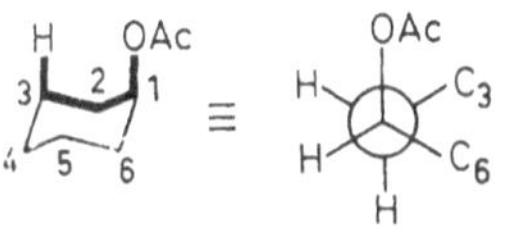

−6,4 ppm

IV

γ-gauche-Stellung von Substituenten und C-3.

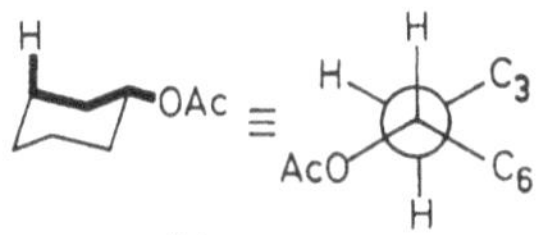

−2,4 ppm

V

γ-anti-Stellung von Substituenten und C-3

(Veränderung der ^{13}C-chemischen Verschiebung relativ zu Cyclohexan)

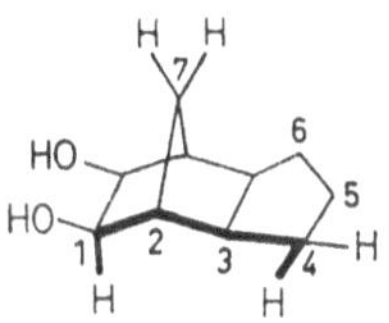

VI

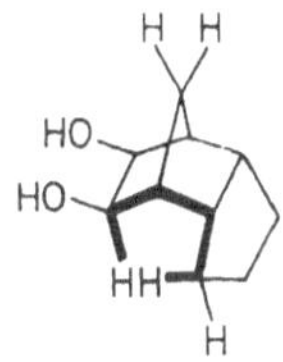

VII

	VI	VII
C-1	71,5 ppm	67,7 ppm (−3,8)
C-7	20,1 ppm	35,0 ppm (+8,9)

Im axialen Cyclohexylacetat (*IV*) sind der axiale Substituent (O*Ac*) und das C-Atom 3 in γ-gauche-Stellung angeordnet. Im äquatorialen Cyclohexanacetat (*V*) befinden sich beide in anti-Stellung. Die stärkere Hochfeldverschiebung bei der γ-gauche-Anordnung ist offensichtlich.

In dem exo-Dicyclopentadien-Derivat (*VI*) sind die C-Atome 1 und 4 in anti-Stellung angeordnet, die C-

Atome 4 und 7 in γ-gauche-Stellung. In der endo-Verbindung *VII* sind dagegen C_1 und C_4 in γ-gauche-Stellung, C_4 und C_7 in γ-anti-Stellung. Die Stellung der OH-Gruppen zu C_7 ist in beiden Fällen gleich. Die γ-gauche-Position des C_1 in *VII* gegenüber *VI* wird an einer entsprechenden Hochfeldverschiebung von −3,8 ppm, die γ-gauche-Position des C_7 in *VI* gegenüber *VII* an einer Hochfeldverschiebung von −8,9 ppm deutlich. Der stärkere Effekt auf C_7 gegenüber C_1 ist auf die γ-gauche-Stellung von zwei C-Atomen (C_4 und C_6) zu C_7 zurückzuführen.

δ-Effekt

Gelangen auf Grund des sterischen Baues einer Verbindung zwei Substituenten in 1,3-diaxiale Stellung (Formel *VIII*), so werden für diese C-Atome Tieffeldver-

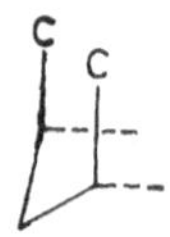

VIII

schiebungen bis zu 6 ppm festgestellt. In allen anderen räumlichen Anordnungen δ-ständiger C-Atome wird dieser Effekt nicht beobachtet bzw. ist zu vernachlässigen. Das umgekehrte Vorzeichen des sterischen δ-Effektes gegenüber dem γ-gauche-Effekt hat zu vielerlei Diskussionen über die theoretischen Ursachen beider Verschiebungen geführt. Eine endgültige Klärung konnte jedoch noch nicht erreicht werden.

3.1.3. *Charakteristische ^{13}C-chemische Verschiebungen in organischen Verbindungen*

3.1.3.1. *Alkane*

Während die theoretische Vorausberechnung chemischer Verschiebungen nur bedingt möglich ist (Kap. 3.1.1.), hat sich die empirische Vorhersage Chemischer Verschiebungen in der ^{13}C-NMR-Spektroskopie als sehr erfolgreich erwiesen. Insbesondere haben sich additive Inkrementsysteme zur Berechnung der ^{13}C-chemischen Verschiebungen in den verschiedensten Substanzklassen bewährt.

Auch die ^{13}C-chemischen Verschiebungen der Alkane und substituierten Alkane können nach Additivitätsregeln abgeschätzt werden. Die Chemische Verschiebung δ_K eines Kohlenstoffatoms k ergibt sich zu

$$\delta_K = B + \sum Z_i + \sum S_i + K \tag{24}$$

Es bedeuten:

B — ^{13}C-chemische Verschiebung des Methans $= -2{,}3$ ppm;
Z_i — Inkremente für verschiedene Substituenten in Abhängigkeit von ihrer Stellung (α, β, γ, δ) zu C_k;
S_i — sterische Korrekturen für Verzweigungen am α-Substituenten;
K — Konformationskorrekturen für γ-Substituenten

Die einzelnen Verschiebungsinkremente Z_i, S_i und K sind für eine Auswahl von Substituenten in den Tab. 4 bis 6 zusammengestellt. Die Anwendung dieser Additivitätsregeln soll an 2 Beispielen — der Berechnung der Chemischen Verschiebung der C-Atome 1—4 im Isooctan und der Unterscheidung von Propionitril und Propio-isonitril anhand der Chemischen Verschiebung der CH_3- und CH_2-Gruppen — demonstriert werden.

Ein Vergleich der experimentell bestimmten Chemischen Verschiebungen mit den berechneten zeigt, daß meist eine gute Übereinstimmung besteht. Im allgemeinen liegen die Abweichungen zwischen beiden — wenn man einmal von einigen strukturell bedingten Ausnahmen wie etwa in polyhalogenierten Kohlenwasserstoffen absieht — unter 5 ppm. Inkrementberechnungen bilden somit eine wertvolle Hilfe einmal bei der Überprüfung einer vorgeschlagenen Struktur anhand des ^{13}C-NMR-Spektrums, zum anderen bei der Zuordnung von ^{13}C-Signalen, die besonders dann häufig unklar ist, wenn sich die Multipletts der „off-resonance"-Spektren überlappen oder

Tabelle 4

Inkremente Z_i zur Abschätzung der ^{13}C-chemischen Verschiebung in aliphatischen Verbindungen [5, 118]

Substituent	Inkremente Z_i für Substituenten in Stellung			
	α	β	γ	δ
−C< *)	9,1	9,4	−2,5	0,4
−C=C− *)	19,5	6,9	−2,1	0,4
−C≡C−	4,4	5,6	−3,4	−0,6
$-C_6H_5$	22,1	9,3	−2,6	0,3
−F	70,1	7,8	−6,8	0,0
−Cl	31,0	10,0	−5,1	−0,5
−Br	18,9	11,0	−3,8	−0,7
−J	−7,2	10,9	−1,5	−0,9
−O− *)	49,0	10,1	−6,2	0,0
−O−CO−	56,5	6,5	−6,0	0,0
−O−NO	54,3	6,1	−6,5	−0,5
−N< *)	28,3	11,3	−5,1	0,0
$-N^+$< *)	30,7	5,4	−7,2	−1,4
$-NH_3^+$	26,0	7,5	−4,6	0,0
$-NO_2$	61,6	3,1	−4,6	−1,0
−NC	31,5	7,6	−3,0	0,0
−S− *)	10,6	11,4	−3,6	0,4
−S−CO−	17,0	6,5	−3,1	0,0
−SO− *)	31,1	9,0	−3,5	0,0
$-SO_2Cl$	54,5	3,4	−3,0	0,0
−SCN	23,0	9,7	−3,0	0,0
−CHO	29,9	−0,6	−2,7	0,0
−CO−	22,5	3,0	−3,0	0,0
−COOH	20,1	2,0	−2,8	0,0
$-COO^-$	24,5	3,5	−2,5	0,0
−COO−	22,6	2,0	−2,8	0,0
−CON	22,0	2,6	−3,2	−0,4
−COCl	33,1	2,3	−3,6	0,0
−C=NOH syn	11,7	0,6	−1,8	0,0
−C=NOH anti	16,1	4,3	−1,5	0,0
−CN	3,1	2,4	−3,3	−0,5
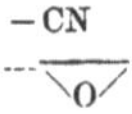 *)	21,4	2,8	−2,5	0,3

Tabelle 5
Sterische Korrekturterme S [118]

betrachtetes ^{13}C-Atom	Anzahl der Substituenten (außer Wasserstoff) am meistverzweigten α-Substituenten[1])			
	1	2	3	4
primär	0,0	0,0	−1,1	−3,4
sekundär	0,0	0,0	−2,5	−7,2
tertiär	0,0	−3,7	−9,5	−15,0
quartär	−1,5	−8,4	−15,0	−25,0

[1]) Nur für die α-Substituenten, die in Tab. 4 durch einen Stern *) gekennzeichnet sind.

Tabelle 6
Sterische Korrekturterme K für Vorzugskonformationen von γ-Substituenten

Konformationen		K
ekliptisch		−4,0
gauche	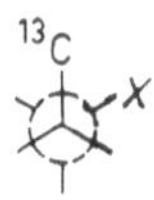	−1,0
anti		+2,0

wenn — z. B. aus Mangel an Substanz — nur protonenrauschentkoppelte Spektren vermessen werden können.

Die angegebenen Inkrementsysteme erlauben es selbstverständlich auch, ausgehend von der bekannten Chemischen Verschiebung der C-Atome einer Grundsubstanz, die daran bei bestimmten Strukturänderungen zu erwartenden Chemischen Verschiebungen zu berechnen, indem man die entsprechenden Inkremente der hinzugekommenen oder fehlenden Strukturelemente addiert bzw. subtrahiert.

Auch das soll an einem Beispiel erläutert werden.

```
       CH3         CH3
       |           |
C1H3 — C2 — C3H2 — C4H
       |           |
       CH3         CH3
```

C^1

$B = -2{,}3$
$1Z_\alpha = +9{,}1$
$3Z_\beta = +28{,}2$
$1Z_\gamma = -2{,}5$
$2Z_\delta = +0{,}6$
$S_{p4} = -3{,}4$

$C_1 = 29{,}7$
(experimentell: 30,2)

C^2

$B = -2{,}3$
$4Z_\alpha = +36{,}4$
$1Z_\beta = +9{,}4$
$2Z_\gamma = -5{,}0$
$1S_{q2} = -8{,}4$

$C_2 = 30{,}1$
(experimentell: 31,1)

C^3

$B = -2{,}3$
$2Z_\alpha = +18{,}2$
$5Z_\beta = +47{,}0$
$1S_{s4} = -7{,}5$
$1S_{s3} = -2{,}5$

$C^3 = 52{,}9$
(experimentell: 53,4)

C^4

$B = -2{,}3$
$3Z_\alpha = +27{,}3$
$1Z_\beta = +9{,}4$
$3Z_\gamma = -7{,}5$
$1S_{t2} = -3{,}7$

$C^4 = 23{,}2$ ppm
(experimentell: 25,6)

$CH_3-CH_2-C\equiv N$

CH_3

$B = -2{,}3$
$1Z_\alpha = +9{,}1$
$1Z_\beta = +2{,}4$

$\delta_{CH_3} = 9{,}2$
(experimentell: 10,8)

CH_2

$B = -2{,}3$
$1Z_\alpha = +9{,}1$
$1Z_\alpha = +3{,}1$

$\delta_{CH_2} = +9{,}9$
(experimentell: 10,6)

$$CH_3-CH_2-\overset{\oplus}{N}\equiv\overset{\ominus}{C}$$

CH_3

$$\begin{aligned} B &= -2{,}3 \\ 1Z_\alpha &= +9{,}1 \\ 1Z_\beta &= +7{,}6 \\ \hline \delta_{CH_3} &= 14{,}4 \end{aligned}$$

(experimentell: 15,3)

CH_2

$$\begin{aligned} B &= -2{,}3 \\ 1Z_\alpha &= +9{,}1 \\ 1Z_\alpha &= +31{,}5 \\ \hline \delta_{CH_2} &= 38{,}3 \text{ ppm} \end{aligned}$$

(experimentell: 36,4)

$$H_2N-\overset{*}{C}H_2-COOH$$

$$H_2N-\overset{*}{C}H-COOH$$
$$|$$
$$CH_2$$
$$|$$
$$CH(CH_3)_2$$

$$\begin{aligned} \overset{*}{C}H_2 &= 42{,}5 \text{ ppm} \\ \overset{*}{C}H_2 &= 42{,}5 \\ 1Z_\alpha &= +9{,}1 \\ 1Z_\beta &= +9{,}4 \\ 2Z_\gamma &= -5{,}0 \\ S_{t2} &= -3{,}7 \\ \hline \delta_{CH^*} &= 52{,}3 \text{ ppm} \end{aligned}$$

(experimentell: 54,7)

Speziell für lineare und verzweigte Kohlenwasserstoffe ist noch von LINDEMAN und ADAMS [104] ein additives Inkrementschema bekannt, das die Berechnung der ^{13}C-chemischen Verschiebungen mit einer Genauigkeit von $\pm 0{,}8$ ppm gestattet.

3.1.3.2. Cycloalkane und Heteracycloalkane

Die in Tab. 7 aufgeführten ^{13}C-chemischen Verschiebungen der Cycloalkane zeigen eine deutliche Abhängigkeit von der Ringgröße. Dabei ist besonders die große Hochfeldverschiebung für den Cyclopropanring ($\delta = -3{,}8$ ppm) bemerkenswert, die durch einen Ringstromeffekt erklärbar ist. Mit zunehmender Ringgröße erfolgt dann bis C_7 eine zunehmende Entschirmung, die sich in einer Verringerung der Chemischen Verschiebung von $\delta = 22{,}1$ im Cyclobutan bis zu $\delta = 28{,}2$ ppm im Cycloheptan bemerkbar macht. Im Bereich der mittleren Ringe beobachtet man ein Alternieren der Chemischen Verschiebung mit der Ringgröße, das in Analogie zu dem konformativ bedingten Alternieren zahlreicher anderer physikalischer Eigenschaften steht. Ab C_{15} sind die Chemischen Verschiebungen praktisch konstant und mit denen der n-Alkane vergleichbar.

Tabelle 7

^{13}C-chemische Verschiebungen von Cycloalkanen [123]

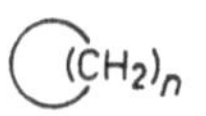

n	*δ*
3	−3,8
4	22,1
5	25,3
6	27,6
7	28,2
8	26,6

Die ^{13}C-chemischen Verschiebungen substituierter Cycloalkane können in erster Näherung mit Hilfe des für Alkane angegebenen Inkrementsystems abgeschätzt werden. Dabei wird die Chemische Verschiebung des unsubstituierten Cycloalkans als B-Wert verwendet. Allerdings sind die Abweichungen meist etwas größer als in der Alkanreihe. Als Beispiel soll die Abschätzung der ^{13}C-chemischen Verschiebung der C-Atome 1 und 2 im cis-3-Methylcyclohexanol-(1) (*IX*) angeführt werden.

IX

C^1

$$\begin{aligned} B &= +27{,}6 \\ Z_\alpha &= +49{,}0 \\ Z_\gamma &= -2{,}5 \\ 2S_{t2} &= -7{,}4 \\ K &= +2{,}0 \\ \hline \delta_{C^1} &= 68{,}7 \end{aligned}$$

(experimentell: 69,9)

C^2

$$\begin{aligned} B &= +27{,}6 \\ Z_\beta &= +10{,}1 \\ Z_\beta &= +9{,}4 \\ 2S_{s3} &= -5{,}0 \\ \hline \delta_{C^2} &= 42{,}1 \text{ ppm} \end{aligned}$$

(experimentell: 44,4)

Bessere Übereinstimmung zwischen berechneten und experimentell bestimmten Chemischen Verschiebungen ergibt das speziell für substituierte Cyclohexanverbindungen abgeleitete Inkrementsystem (Tab. 8), das jedoch weniger Substituenten als Tab. 4 enthält. Es muß allerdings dazu bemerkt werden, daß die aufgeführten Substitutenteninkremente bei Raumtemperatur bestimmt wurden und somit gemittelte Werte für das unter diesen Bedin-

Tabelle 8

^{13}C-chemische Verschiebungen monosubstituierter Cyclohexane bei Raumtemperatur [20b]

Substituent	Substituenteneffekt auf die Ring-C-Atome[1])				
X	C-1	C-2,6	C-3,5	C-4	Substituent X
–H	0	0	0	0	–
–CH_3	5,8	8,4	–0,5	–0,6	23,2
–C_2H_5	12,6	6,1	–0,5	–0,2	30,7 11,5
–tert. Bu	21,2	0,5	0,1	–0,5	21,2
–C_6H_{11}	16,7	3,2	–0,2	–0,2	–
–C_6H_5	17,5	7,3	–0,2	–0,9	–
–F	62,9	5,5	–4,1	–1,6	–
–Cl	32,2	9,6	–2,4	–2,0	–
–Br	25,0	10,3	–1,5	–2,0	–
–J	4,2	12,2	–0,2	–2,1	–
–CH_2Cl	13,3	3,6	–1,2	–0,8	50,7
–OH	42,4	8,4	–2,6	–1,2	–
–$OCOCH_3$	44,7	4,6	–3,2	–1,5	21,0 169,2
–OCH_3	51,0	4,7	–3,3	–0,9	55,1
–CH_2OH	13,7	2,9	–0,9	–0,2	68,1
–SH	10,9	10,9	–0,8	–1,7	–
–NH_2	23,5	10,1	–1,8	–1,1	–
–$NH_2 \cdot HCl$	23,9	5,8	–2,0	–1,6	–
–NO_2	57,0	3,8	–2,9	–2,1	–
–COOH	16,1	2,0	–1,4	–1,0	182,1
–COO^-	19,0	3,3	–0,7	–0,7	185,4
–COCl	27,8	2,1	2,1	–1,7	176,3
–$COOCH_3$	15,8	2,0	–1,6	–1,2	175,3 51,0
–CN	0,7	2,5	–0,3	–1,8	122,4
–$COCH_3$	23,9	1,4	–1,0	–1,3	209,4 27,7
–$SiCl_3$	6,3	–0,4	–1,7	–1,2	–
–$Sn(C_6H_{11})_3$	–0,5	5,7	2,4	0,3	–

[1]) Relativ zur ^{13}C-chemischen Verschiebung von Cyclohexan δ = 27,6 ppm.

gungen vorliegende Konformerengleichgewicht mit äquatorialer und axialer Substituentenanordnung darstellen.

Analoge Abschätzungen der Substituenteneffekte liegen für Cyclopentan und Cycloheptan vor. Während für das vornehmlich als Halbsesselkonformation vorliegende Cyclopentan ausgeprägtere α- und β-Effekte, aber infolge der verringerten 1,3-syn-axialen Wechselwirkungen kleinere γ-Effekte beobachtet werden, sind die in dem als Twist-Sessel vorliegenden Cycloheptan gemessenen Substituenteneffekte denen im Cyclohexan sehr ähnlich.

Besonders erfolgreich ist die ^{13}C-NMR-Spektroskopie zur Untersuchung der in Cycloalkanen vorliegenden Konformationen angewandt worden. ^{13}C-chemische Verschiebungen für einzelne Konformationen können dann angegeben werden, wenn einheitlich (z. B. sterisch fixierte) Konformationen vorliegen oder durch Tieftemperaturuntersuchungen (s. Kap. 3.4.) die im Gleichgewicht vorliegenden Konformationen getrennt vermessen werden können. Unter diesen Bedingungen ließ sich zeigen, daß in Abhängigkeit von der äquatorialen oder axialen Konformation eines Substituenten am Cyclohexan-Sessel charakteristische Unterschiede der Chemischen Verschiebung der α-, β- und γ-C-Atome festgestellt werden können, wobei besonders die letzteren durch sterische Kompression zwischen Substituent und den axialen Protonen in 3,5-Stellung hervorgerufen werden.

Das in Tab. 9 verzeichnete Inkrementsystem erlaubt nach Gl. (25) die Berechnung der Chemischen Verschiebung δ_K der Ring-C-Atome in Abhängigkeit von der Konformation der Substituenten. Dies kann mit Erfolg zur Identifizierung unbekannter Cyclohexanverbindungen oder verwandter Substanzklassen wie etwa Steroide herangezogen werden.

$$\delta_K = B + \sum A_i + K \tag{25}$$

B – ^{13}C-chemische Verschiebung des Cyclohexans = 27,1 ppm;
A_i – Inkremente der Substituenten in Abhängigkeit von ihrer Stellung und Konformation;
K – Korrekturterme

Tabelle 9

Inkremente für substituierte Cyclohexylderivate unter Berücksichtigung der Konformation

Parameter		Substituent X											
		$-CH_3$ [6]	$-CN$ [7]	$-NH_2$ [8]	$-NO_2$ [9]	$-N{\equiv}C$ [7]	$-OH$ [9]	$-OCH_3$ [7]	$-OCOCH_3$ [7]	$-F$ [10]	$-Cl$ [10]	$-Br$ [10]	$-J$ [10]
α_e		6,0	1,4	24,7	57,6	24,9	42,6	51,8	45,8	64,5	32,2	24,6	2,0
α_a		1,4	0,1	18,7	54,0	23,3	37,9	47,1	42,1	61,1	32,3	27,5	9,1
β_e		9,0	2,8	9,8	3,9	6,7	8,5	4,5	−2,8	5,6	10,5	11,2	13,7
β_a		5,4	−0,9	2,0	1,0	3,5	5,3	1,8	−7,2	3,1	6,7	7,2	9,1
γ_e		0,1	−1,9	−1,2	−2,8	−2,6	−1,7	−2,8	−2,4	−3,4	−0,6	0,3	2,0
γ_a		−6,4	−4,5	−2,4	−5,9	−6,9	−6,7	−7,2	−6,3	−7,2	−7,1	−6,5	−4,6
δ_e		−0,2	−1,9	−0,7	−2,4	−1,8	−1,0	−1,8	−1,7	−2,5	−2,2	−2,5	−2,1
δ_a		−0,1	−1,4	0,9	−1,3	−1,8	−0,6	−1,4	—	−2,0	−1,4	−1,5	−1,3

Die in Tab. 10 aufgeführten Korrekturterme sind bei geminaler oder vicinaler Anordnung der Substituenten zu berücksichtigen.

Tabelle 10

Korrekturterme für polymethylsubstituierte Cyclohexylderivate [6]

Parameter		Wert	Parameter		Wert
$\alpha_a\beta_e$		−0,8	$\alpha_e\beta_a$		+1,6
g_α	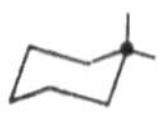	−3,8	$\alpha_e\beta_e$		−2,5
g_β	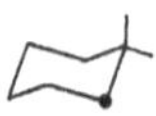	−1,3	$\beta_a\alpha_e$		−2,9
g_γ		−2,0	$\beta_e\alpha_a$		−3,4

Beispiel für die Berechnung der ^{13}C-chemischen Verschiebungen von Ring-C-Atomen im 1,3,5-Trimethylcyclohexan (*X*).

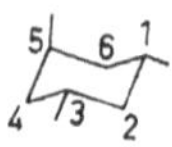

X

$C^{1,3}$

$$\begin{aligned} B &= +27{,}1 \\ A_{\alpha e} &= +6{,}0 \\ A_{\gamma e} &= +0{,}1 \\ A_{\gamma a} &= -6{,}4 \\ \hline \delta_{C^{1,3}} &= 26{,}8 \end{aligned}$$

(experimentell: 26,6)

C^2

$$\begin{aligned} B &= +27{,}1 \\ 2A_{\beta e} &= +18{,}0 \\ A_{\delta a} &= -0{,}1 \\ \hline \delta_{C^2} &= 45{,}0 \end{aligned}$$

(experimentell: 45,2)

$C^{4,6}$

$$\begin{aligned} B &= +27{,}1 \\ A_{\beta e} &= +9{,}0 \\ A_{\beta a} &= +5{,}4 \\ A_{\delta e} &= -0{,}2 \\ \hline \delta_{C^{4,6}} &= 41{,}3 \end{aligned}$$

(experimentell: 41,1)

C^5

$$\begin{aligned} B &= +27{,}1 \\ A_{\alpha a} &= +1{,}4 \\ 2A_{\gamma e} &= +0{,}2 \\ \hline C^5 &= 28{,}7 \text{ ppm} \end{aligned}$$

(experimentell: 28,8)

Schließlich ist auch für die Abschätzung der ^{13}C-chemischen Verschiebungen von Methylgruppen in Methylcyclohexanen ein Inkrementsystem angegeben worden, das die Vorhersage der Chemischen Verschiebung dieser Gruppen ermöglicht (Tab. 11).

Tabelle 11
Additivitätsregeln für Methylgruppen am Cyclohexan [6][1])

Parameter		Wert	Parameter	Wert
Grundwert		18,8		23,1
$\alpha_{gem.}$	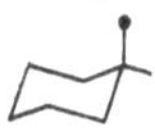	6,4	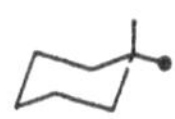	10,4
β_e bzw. β_a	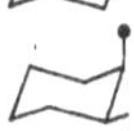	−6,8	 oder 	−2,8
β_a bzw. γ_a		−2,8	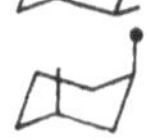	2,0

[1]) Für alle anderen Stellungen sind untergeordnete Beeinflussungen zu erwarten.

Zur Untersuchung von kondensierten Cycloalkanen besitzt die ^{13}C-NMR-Spektroskopie ebenfalls große Bedeutung. Wie die in Tab. 12 angegebenen ^{13}C-chemischen Ver-

Tabelle 12
^{13}C-chemische Verschiebungen im cis- und trans-Dekalin [14]

Verbindung	$C_{1,4,5,8}$	$C_{2,3,6,7}$	$C_{9,10}$
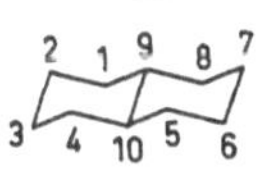	34,7	27,2	44,2
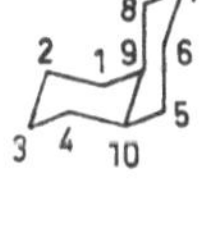	36,9	29,8	24,6

schiebungen für cis- und trans-Dekalin zeigen, ergeben sich insbesondere für die C-Atome 9 und 10 (Brückenkopf-C-Atome) beträchtliche Unterschiede, je nachdem ob eine cis- oder trans-Ringverknüpfung vorliegt. Anhand von Inkrementsystemen für methylsubstituierte Dekaline, Perhydroanthracene und Perhydrophenanthrene [11, 12] läßt sich beispielsweise neben der Stellung des Substituenten eindeutig die Konfiguration der zugrundeliegenden Verbindung ermitteln.

Auf die zahlreichen Arbeiten zur Strukturbestimmung von Steroiden [13] mit Hilfe der ^{13}C-NMR-Spektroskopie, bei denen ebenfalls Fragen der Konfiguration und Substituentenanordnung eine Rolle spielen, kann in diesem Zusammenhang nur hingewiesen werden.

Als Beispiel für die Anwendung der ^{13}C-NMR-Spektroskopie zur Untersuchung von überbrückten Ringsystemen sei das Norbornan (Bicyclo(2,2,1)-heptan) genannt. Die in Tab. 13 angeführten ^{13}C-chemischen Verschiebungen

Tabelle 13

^{13}C-chemische Verschiebungen substituierter Norbornane [117]

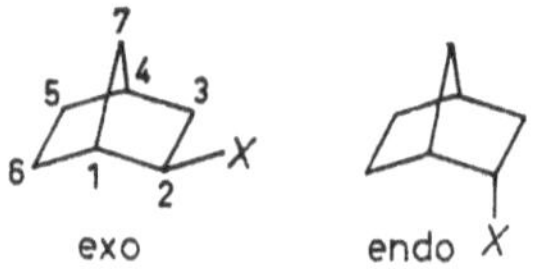

Substituent	C-1	C-2	C-3	C-4	C-5	C-6	C-7	Substituent
–H	36,8	30,1	30,1	36,8	30,1	30,1	38,7	–
exo-NH_2	45,7	55,4	42,5	36,4	28,9	27,0	34,3	–
endo-NH_2	43,6	53,4	40,6	38,0	30,7	20,6	39,0	–
exo-OH	44,5	74,4	42,4	35,8	28,8	24,9	34,6	–
endo-OH	43,1	72,5	39,6	37,7	30,3	20,4	37,8	–
exo-CH_3	43,5	36,8	40,2	37,3	30,3	29,0	35,0	22,3
endo-CH_3	42,2	34,6	40,7	38,2	30,6	22,4	38,9	17,4
exo-CN	42,3	31,1	36,4	36,5	28,6	28,5	37,4	123,4
endo-CN	40,2	30,2	35,6	37,0	29,4	25,2	38,7	122,6
exo-COOH	41,4	46,8	34,5	36,6	29,8	29,1	36,9	181,4
endo-COOH	41,0	46,3	32,2	37,7	29,5	25,4	40,6	180,5
exo-$COOCH_3$	41,9	46,5	34,3	36,4	29,0	28,7	36,6	175,7
endo-$COOCH_3$	40,8	46,0	32,3	37,5	29,4	25,1	40,4	174,6

machen insbesondere die leichte Unterscheidbarkeit zwischen exo- und endo-substituierten Verbindungen deutlich. Weiter sei darauf hingewiesen, daß infolge der sterischen Wechselwirkung im γ-gauche-Fragment nicht nur die endständigen C-Atome, sondern auch die C-Atome, die die Substituenten tragen, in charakteristischer Weise und somit zuordnungsinformatorisch nach

Tabelle 14

Abschätzung der ¹³C-chemischen Verschiebung von Epoxid-C-Atomen [22]

Bezeichnung: $-C_\gamma - C_\beta - C_\alpha - \overset{O}{C_k - C} - C_{\alpha'} - C_{\beta'} - C_{\gamma'} -$

Berechnung: $\delta_k = 40{,}6^{1)} + \Sigma A_i + K$

Zusammenstellung der Inkremente:

C-Atom	Inkrement A_i[3)][4)]	Korrekturglieder für Disubstitution[2)]	Korrekturterm K
α	8,3	α,α' (cis-ständig)	−2,7
β	4,4	α,α (gem-disubst.)	−4,3
γ	−0,9		
α'	7,1		
β'	−0,9		
γ'	0,2		

¹) 40,6 ppm = ¹³C-chemische Verschiebung im unsubstituierten Oxiran.

²) Für alle anderen Anordnungen als die aufgeführten ist $K = 0$.

³) Die Inkremente gelten gleichbedeutend für sp³- und sp²-hybridisierte C-Atome (olefinische C=C-Bindungen und Aromaten); auch für cyclische Epoxide.

⁴) Größere Abweichungen von der Additivität treten auf, wenn C=C-Bindungen allylständig zum Epoxidring in cyclischen Epoxiden angeordnet sind.

hohen Feld verschoben werden. Hinsichtlich der Untersuchung weiterer Brückenringsysteme muß auf die Literatur [15, 16, 21] verwiesen werden.

Von den Heterocycloalkanen kleinerer Ringgröße besitzen die Oxirane, die bei der Epoxidierung von olefinischen Doppelbindungen entstehen, die größte Bedeutung. Die ¹³C-chemische Verschiebung der C-Atome des Oxiranringes findet sich je nach Substitution im Bereich zwischen 40–75 ppm. Auch in diesem Fall ist mit Hilfe additiver Inkremente (Tab. 14) eine Abschätzung der

^{13}C-chemischen Verschiebung möglich. Hierdurch können Informationen über Art und Anzahl der Substituenten am Oxiranring bzw. der ursprünglich vorhandenen Doppelbindung erhalten werden.

Tabelle 15

^{13}C-chemische Verschiebungen in drei- und viergliedrigen Heteracycloalkanen [5, 121]

Verbindung	C-Atom	^{13}C-chemische Verschiebung (ppm)
	1	18,7
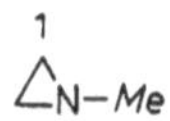	CH_3 1	48,6 28,5
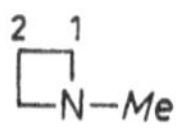	CH_3 1 2	46,4 57,7 17,5
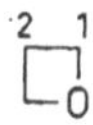	1 2	72,6 22,9
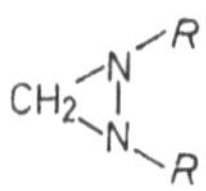	CH_3 für $R = CH_3$ CH_3	58,4 47,4
	CH_2 für $R = C_2H_5$ CH_2-CH_3	56,0 55,2 und 13,4
	CH_2 für $R = CH(CH_3)_2$ CH | $(CH_3)_2$	54,9 60,5 19,8

Für eine Reihe weiterer Heteracycloalkane der Ringgröße 3–5 sind die ^{13}C-chemischen Verschiebungen in Tab. 15 angegeben.

Besonders ausführlich sind gesättigte Sechsring-Heterocyclen, die in Analogie zum Cyclohexan im allgemeinen in Sessel-Konformationen vorkommen, untersucht worden.

Gegenüber Cyclohexan (δ = 27,1 ppm) wird durch die Einführung eines Heteroatoms die ^{13}C-chemische Verschiebung der α-, β- und γ-ständigen C-Atome in charakteristischer Weise verändert. Die Chemische Verschiebung der einzelnen Ring-C-Atome in Abhängigkeit vom Heteroatom sind in Tab. 16 aufgeführt.

Tabelle 16

^{13}C-chemische Verschiebungen in Heteracyclohexanen [23]

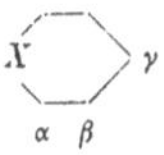

$-X-$	Lösungsmittel	δ_α	δ_β	δ_γ	$\delta_{subst.}$
$>Si(CH_3)_2$	pur	14,3	24,4	30,1	−3,3
$>NH$	pur	47,6	27,35	25,8	–
$>N-CH_3$	pur	56,7	26,4	24,4	47,0
$>N-$tert$-$Bu	pur	46,9	26,0	27,1	53,2 u. 25,2
$>N-Cl$	CH_2Cl_2	64,0	27,8	23,2	-
$>\overset{\oplus}{N}H_2J^{\ominus}$	H_2O	45,8	23,1	22,4	–
$>\overset{\oplus}{N}HCH_3J^{\ominus}$	H_2O	55,9	24,1	21,7	44,3
$>\overset{\oplus}{N}(CH_3)_2J^{\ominus}$	H_2O	63,7	20,5	21,0	52,7
$>P-CH_3$	pur	27,0	23,5	28,6	11,3
$>P-C_6H_5$	pur	24,6	23,4	27,9	–
$>As-CH_3$	pur	22,4	23,9	29,3	5,1
$>As-C_6H_5$	CCl_4	22,8	24,7	29,4	–

Tabelle 16 (Fortsetzung)

−X−	Lösungs-mittel	δ_α	δ_β	δ_γ	$\delta_{subst.}$
>O	pur	68,0	26,6	23,6	–
>S	pur	29,3	28,2	26,9	–
>S = O (bei 30°C)	$CDCl_3$	49,0	19,3	25,3	–
>S(=O)=O	$CDCl_3$	52,6	25,1	24,3	–
>SBr_2	CH_2Cl_2	34,7	22,9	27,6	–
>$S^{\oplus}-CH_3J^{\ominus}$	H_2O	37,8	20,5	22,7	22,4
>Se	pur	20,2	29,1	28,4	–
>Te	pur	−2,1	29,9	30,9	–
>$Br^{\oplus}$	SO_2	62,9	25,4	22,6	–
>$J^{\oplus}$	SO_2	35,4	24,8	25,4	–

Tab. 17 gibt die ^{13}C-chemische Verschiebung der wichtigsten Heteracyclohexane mit mehreren Heteroatomen an.

Unter Verwendung der in Tab. 8 (s. S. 67) verzeichneten Substituentenparameter am Cyclohexan lassen sich die ^{13}C-chemischen Verschiebungen von substituierten Heteracyclohexanen abschätzen. Größere Abweichungen zwischen experimentell ermittelten und berechneten Werten deuten auf beträchtliche Geometrieänderungen gegenüber dem Cyclohexansessel bzw. auf das Vorliegen von Nichtsessel-Konformationen hin.

Tabelle 17

^{13}C-chemische Verschiebungen in Heteracycloalkanen mit mehreren Heteroatomen

Verbindung	C-Atom	δ-Wert	Verbindung	C-Atom	δ-Wert
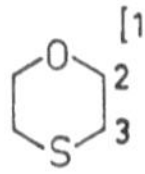 [124]	2 3	68,5 27,0	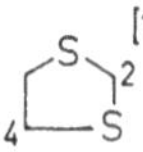 [126]	2 4	34,5 38,1
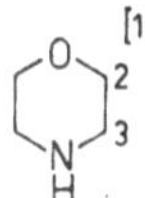 [125]	2 3	68,2 46,9	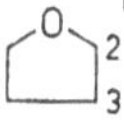 [5]	2 3	68,4 26,5
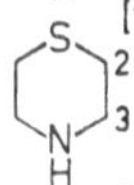 [125]	2 3	28,3 47,9	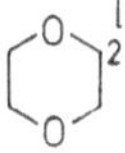 [124]	2	67,6
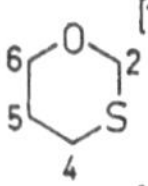 [127]	2 4 5 6	69,3 27,9 26,4 69,7	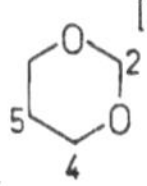 [127]	2 4 5	94,8 67,5 27,5
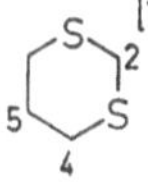 [126]	2 4 5	31,9 29,9 26,6	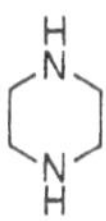 [128]	2	47,9
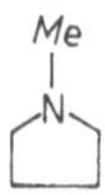 [5]	1 2 *Me*	56,7 24,4 42,7	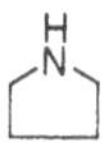 [5]	2 3	47,1 25,7

3.1.3.3. *Alkene*

Der paramagnetische Abschirmungsbeitrag σ_p ist gegenüber gesättigten C-Atomen für olefinische Kohlenstoffatome deutlich vergrößert (s. Kap. 3.1.1.). Dies führt zu einer geringeren Abschirmung der olefinischen C-Atome, für deren ^{13}C-chemische Verschiebung δ-Werte von 80 bis 145 ppm charakteristisch sind.

Zur empirischen Abschätzung der ^{13}C-chemischen Verschiebungen olefinischer C-Atome in einer Kohlenstoffkette liegt ein Inkrementschema vor, das in Tab. 18 angegeben ist. Die Chemische Verschiebung des olefinischen

C-Atoms k ergibt sich zu

$$\delta_K = B + \sum A_i + K \tag{26}$$

B — ¹³C-chemische Verschiebung des Äthylen (Grundwert = 123,3 ppm);
A_i — Inkremente für C-Atome in α-, β- und γ-Stellung;
K — Korrekturterm für Disubstitution infolge unterschiedlicher sterischer Wechselwirkungen

Tabelle 18

Abschätzung ¹³C-chemischer Verschiebungen sp²-hybridisierter C-Atome in ungesättigten Kohlenwasserstoffen [24]

Bezeichnung: $-C_\gamma-C_\beta-C_\alpha-C_k=C-C_{\alpha'}-C_{\beta'}-C_{\gamma'}-$
Berechnung: $\delta_k = 123{,}3^{1)} + \sum A_i + K$
Zusammenstellung der Inkremente:

C-Atom	Inkrement A_i	Korrektur bei Disubstitution[3])		Korrekturterm K
α	+10,6	α,α'	(cis-ständig)	−1,1
β	+7,2	α,α	(geminal)	−4,8
γ	−1,5	α',α'	(geminal)	+2,5
α'	−7,9	β,β	(geminal)	−2,3
β'	−1,8			
γ'	+1,5			
δ	+0,3[2])			
δ'	−0,2[2])			

[1]) 123,3 ppm = ¹³C-chemische Verschiebung im Äthylen.
[2]) Werte nach [25].
[3]) Für alle anderen Anordnungen als die aufgeführten ist $K = 0$.

Damit lassen sich die ¹³C-chemischen Verschiebungen eines sp²-hybridisierten C-Atoms in unsubstituierten Alkenen mit einer Genauigkeit von etwa ± 1 ppm recht gut vorhersagen.

Sind funktionelle Gruppen an der C=C-Bindung substituiert, so treten oft wesentlich größere Veränderungen der ¹³C-chemischen Verschiebung der olefinischen C-Atome auf (je nach Art des Substituenten zwischen +36,4 und —39,9 ppm). Tab. 19 faßt die Substituenteneinflüsse auf die ¹³C-chemische Verschiebung in Vinylverbindungen der Struktur

$$X - C_\alpha H = C_\beta H_2$$

zusammen, die sich nach der Beziehung

$$\delta_K = B + \sum A_i \qquad (27)$$

B — ¹³C-chemische Verschiebung des Äthylen = 123,3 ppm;
A_i — Substituenteninkremente

ergeben.

Ein Vergleich der beobachteten α-Effekte für die verschiedenen Substituenten zeigt, daß auch hier stark elektronegative Substituenten große Verschiebungen nach tiefem Feld hervorrufen. Eine lineare Abhängigkeit zwischen Elektronegativität und α-Effekt — wie bei den Alkanen — besteht jedoch nicht.

Leicht verständlich sind die unterschiedlichen Vorzeichen der β-Substituenteneffekte:

$+M$-Substituenten erhöhen nach Formel *XI* die Elektronendichte am β-C-Atom, verstärken dessen Abschirmung und führen somit zu stark negativen Substituenteneffekten

$-M$-Substituenten entschirmen dagegen infolge ihres Elektronenzugs das β-C-Atom und induzieren positive Substituenteneffekte (Formel *XII*)

$$CH_2{=}CH{-}X \longleftrightarrow \overset{\ominus}{|}CH_2{-}CH{=}X^{\oplus}$$

XI

$$CH_2{=}CH{-}X \longleftrightarrow \overset{\oplus}{C}H_2{-}CH{=}\overset{\ominus}{X}|$$

XII

Bei Mehrfachsubstitution an der Doppelbindung können durch Addition der einzelnen Substituenteninkremente annähernde Erwartungswerte für die ¹³C-chemische Verschiebung der olefinischen C-Atome gewonnen werden. Es ist aber dabei zu bedenken, daß bei Mehrfach-

Tabelle 19

Substituenteninkremente der ^{13}C-chemischen Verschiebungen von sp^2-hybridisierten C-Atomen

Bezeichnung: $X-CH(\alpha) = CH_2(\beta)$ *Berechnung:* $\delta_{C(k)} = 122{,}8 + A_i$ *Zusammenstellung der Inkremente:*

Substituent X	A_α	A_β	Literatur	Substituent X	A_α	A_β	Literatur
$-H$	0	0	[25]	$-CH_3$	+13,4	−6,9	[25]
$-F$	+29,3	−30,8	[25]	$-C_2H_5$	+17,9	−9,5	[25]
$-Cl$	+3,3	−5,6	[25]	$-C(CH_3)_3$	+26,9	−13,0	[25]
$-Br$	−8,5	−0,4	[25]	$-C_3H_7$	+15,7	−8,4	[25]
$-J$	−36,4	−7,7	[25]	$-C_4H_9$	+15,9	−8,4	[25]
$-NCO(CH_2)_3$	+7,2	−28,5	[14]	$-CH_2NH_2$	+18,2	−9,9	[26]
$-NO_2$	+22,8	−0,4	[25]	$-CH_2Cl$	+11,6	−4,1	[26]
$-NC$	−3,4	−2,2	[5]	$-CH_2Br$	+11,9	−3,6	[26]
$-N^+(CH_3)_3$	+18,9	−26,2	[5]	$-CH_2OH$	+15,1	−8,0	[26]
$-OCH_3$	+31,0	−38,2	[25]	$-CH_2OCH_3$	+12,9	−7,1	[26]
$-OC_2H_5$	+29,0	−39,3	[5]	$-CH_2OAc$	+10,3	−5,0	[26]
$-O$-n-Bu.	+28,6	−39,9	[5]	$-CH_2COOH$	+6,9	−4,6	[26]
$-O(CH_2)_2Cl$	—	−33,6	[5]	$-CH_2CN$	+5,9	−2,1	[26]
$-OCOCH_3$	+18,9	−26,4	[15]	$-CH_2C_6H_5$	+15,0	−7,0	[26]
$-SO_2-CH=CH_2$	+15,0	+8,6	[15]	$-C_6H_5$	+13,0	−10,5	[26]
$-SCH_2C_6H_5$	+19,0	−15,9	[5]	$-CN$	+15,6	−15,1	[26]
$-SiCl_3$	+9,0	+15,9	[15]	$-COOH$	+5,2	+9,1	[15]
$-Si(CH=CH_2)_3$	+11,7	+12,7	[15]	$-COOCH_3$	+6,2	+7,4	[25]
$-Si(CH_3)_3$	+17,4	+7,2	[5]	$-COOC_2H_5$	+6,9	+7,3	[25]
				$-COCH_3$	+14,9	+6,7	[25]
				$-CHO$	+15,8	+14,8	[25]

substitution elektronische und sterische Wechselwirkungen zwischen den Substituenten auftreten können, die zu beträchtlichen Abweichungen vom Additivitätsschema führen (vgl. Korrekturterme der Tab. 18 für Alkylsubstituenten). Deshalb sei vor einer leichtfertigen Verwendung der Inkremente der Tab. 19 gewarnt.

Tabelle 20

Zuordnung zur cis/trans-Isomerie an der olefinischen C=C-Bindung in ungesättigten Kohlenwasserstoffen (Effekt bei Isomerieumkehr auf das mit * bezeichnete C-Atom) [27]

1[1])	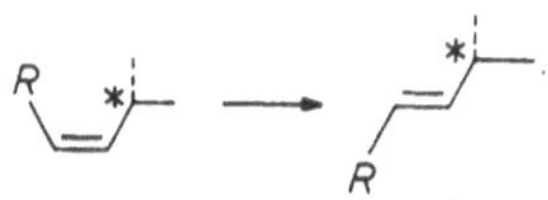	4,0 – 5,8 ppm[2])
	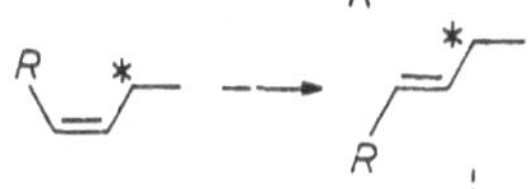	4,7 ppm
2	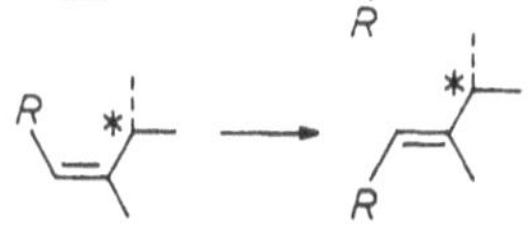	7,1 – 9,4 ppm
		8,1 ppm
3		– 0,3 – 0,5 ppm

¹) $R = Me$, n-Alkyl, iso-Alkyl, tert. Butyl

²) positives Vorzeichen bedeutet Verschiebung nach tieferen Feld

Cis/trans-isomere Alkene unterschieden sich hinsichtlich der ¹³C-chemischen Verschiebung der olefinischen C-Atome nur wenig. Dagegen ergeben sich für die an der C=C-Bindung substituierten gesättigten C-Atome bei cis- und trans-Disubstitution größere Unterschiede, die auf einen sterischen γ-Effekt zurückgeführt werden können und in Tab. 20 aufgeführt sind. Bei einer cis-Konfiguration (Diederwinkel zwischen den Substituenten 0°) ergibt sich eine Verschiebung bis zu 9,5 ppm nach hohem Feld gegenüber der trans-Konfiguration (Diederwinkel 180°), so daß damit eine Konfigurationszuordnung meist eindeutig vorgenommen werden kann.

Tabelle 21

^{13}C-chemische Verschiebungen cyclischer Alkene und Polyene

Verbindung	C-Atom	δ-Wert	
 [24]	1	137,2	
	2	31,4	
 [24]	1	130,8	
	2	32,8	
	3	23,3	
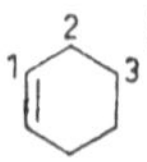 [24]	1	127,4	
	2	25,7	
	3	23,3	
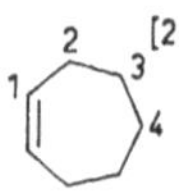 [24]	1	132,7	
	2	29,6	
	3	28,0	
	4	32,7	
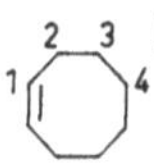 [24]		*cis*	*trans*
	1	130,4	134,0
	2	26,0	35,5
	3	27,0	35,5
	4	29,8	29,9

Verbindung	C-Atom	δ-Wert
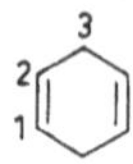 [122]	1	122,8
	2	122,8
	3	25,4
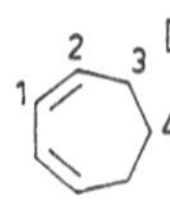 [121]	1	136,4
	2	128,6
	3	32,8
	4	26,5
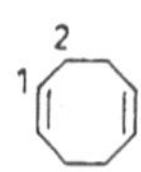 [122]	1	127,0
	2	27,7
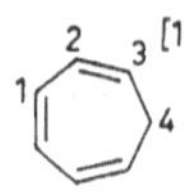 [121]	1	134,1
	2	129,8
	3	123,3
	4	28,8
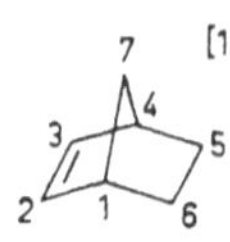 [117]	1	42,2
	2	135,5
	5	48,7
	7	25,5

Die ^{13}C-chemischen Verschiebungen gesättigter C-Atome in Nachbarschaft zu einer Doppelbindung werden in der bereits in Tab. 4 (s. S. 62) angegebenen Weise beeinflußt. Substitutionen an den gesättigten C-Atomen können mit Hilfe der für Alkane angegebenen Substituenteninkremente abgeschätzt werden, wobei es zweckmäßig ist, von Modellolefinen [28] auszugehen.

Die ^{13}C-chemischen Verschiebungen einer Reihe cyclischer Alkene enthält Tab. 21. Es ist eine deutliche Abhängigkeit von der Ringgröße feststellbar, wobei besonders auf das Alternieren der ¹³C-chemischen Verschiebungen der olefinischen und α-C-Atome mit der Ringgröße hingewiesen werden soll, das bei den größeren Ringen konformative Ursachen hat.

Tabelle 22

Veränderungen der ¹³C-chemischen Verschiebung in Cycloalkanen bei Umwandlung zum entsprechenden Cycloalken gleicher Ringgröße

Ringgröße	Effekte auf die Ring-C-Atome in Abhängigkeit von der Entfernung zur C=C-Bindung		
	α	β	γ
4	+9,3	–	–
5	+7,5	−2,0	–
6	−1,9	−4,3	–
7	+1,4	−0,2	+4,5
8 cis	−0,6	−0,6	+3,2
8 trans	+8,9	+8,9	+3,3

Ein Vergleich der ¹³C-chemischen Verschiebungen der Cycloalkene mit denen der entsprechenden Cycloalkane (Tab. 22) läßt unterschiedliche Veränderungen bei Einführung einer Doppelbindung je nach Ringgröße erkennen. Die beobachteten Verschiebungen sind für die einzelnen Ringgrößen charakteristisch und besitzen insbesondere für Zuordnungen in der 5- und 6-Ringreihe Bedeutung.

Organische Verbindungen mit zwei und mehr Doppelbindungen

Kumulierte Doppelbindungen

Charakteristisch für Verbindungen vom Allentyp ist die extreme Lage der ¹³C-chemischen Verschiebung des zentralen sp-hybridisierten C-Atoms bei tiefem Feld

($\delta_{=C=}$ = 212,6 ppm für Allen) und die extreme Lage bei hohem Feld für die terminalen C-Atome ($\delta_{=CH_2}$ = 73,5 ppm für Allen). Für die Veränderung dieser ¹³C-chemischen Verschiebungen in substituierten Allenen liegt ein Inkrementschema [29] vor. Auch hier sind neben den charakteristischen α-, β- und γ-Effekten der Substituenten bei Mehrfachsubstitution Korrekturterme zu beachten. Im Vergleich zu den Substituenteneffekten am Äthylen sind die α-Effekte im Allen ausgeprägter, die β-Effekte dagegen wesentlich niedriger.

Die ¹³C-NMR-Spektren der Heteroanalogen des Allens (Keten und Diazomethan) zeigen, daß im Keten die Grenzstruktur *XIII* [30] im Diazomethan *XIV* [31] maßgeblich am Grundzustand dieser Verbindungen beteiligt sind.

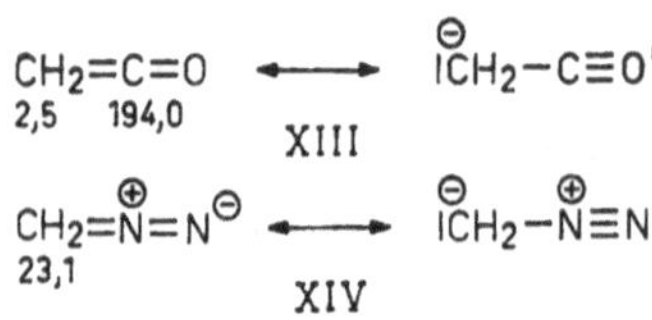

Konjugierte Doppelbindungen

Die Konjugation von C=C-Doppelbindungen ruft nur geringfügige Veränderungen der ¹³C-chemischen Verschiebungen an den olefinischen C-Atomen hervor. Dies ist aus Tab. 23 ersichtlich. Die beim Übergang vom Buten-(1) zum Butadien-(1,3) noch deutlich erkennbare Erhöhung der Chemischen Verschiebung am C_1 und Erniedrigung am C_2 ist beim Übergang vom cis- und trans-Hexen-(2) zu den entsprechenden Hexadienen-(2,4) nicht mehr ausgeprägt. ¹³C-chemische Verschiebungen sind deshalb zur Erkennung von Konjugationseffekten nur bedingt geeignet.

Tabelle 23

¹³C-chemische Verschiebungen einiger Alkene im Vergleich zu den entsprechenden konjugierten Dienen [27]

Verbindung	C-Atom	δ-Wert	Verbindung	C-Atom	δ-Wert
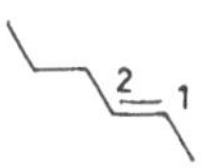	1 2	124,7 131,5	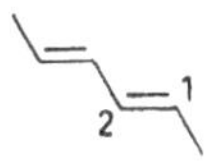	1 2	125,8 132,3
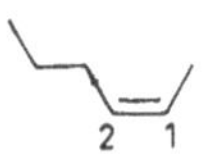	1 2	123,7 130,6	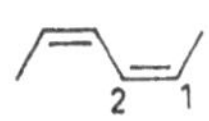	1 2	124,9 125,3
			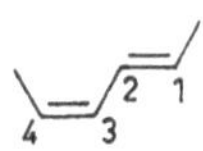	1 2 3 4	123,1 127,4 130,2 128,3
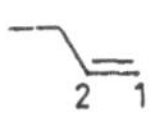	1 2	112,8 140,2	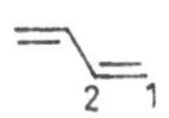	1 2	116,6 137,2

3.1.3.4. Alkine

Während die chemische Verschiebung acetylenischer Protonen in der ¹H-NMR-Spektroskopie bei δ-Werten von 2,4–3,0 ppm durch den diamagnetischen Anisotropieeffekt der C≡C-Bindung erklärt werden kann, versagt die als Berechnungsgrundlage verwendete Punkt-Dipol-Näherung zur Erklärung der ¹³C-chemischen Verschiebung acetylenischer C-Atome, so daß der empirisch ermittelte charakteristische Erwartungsbereich der sp-hybridisierten C-Atome von etwa 65–90 ppm gegenwärtig nicht befriedigend theoretisch interpretiert werden kann.

Eine Vorhersage der ¹³C-chemischen Verschiebung acetylenischer C-Atome ist jedoch leicht mit Hilfe eines Inkrementschemas möglich. Dabei werden nach Tab. 24 die Einflüsse aller C-Atome bis zur δ-Stellung auf die Chemische Verschiebung der sp-hybridisierten C-Atome berücksichtigt.

Eine Abschätzung der ¹³C-chemischen Verschiebungen von sp³-hybridisierten C-Atomen in Alkinen kann mit

Hilfe der in Tab. 4 angegebenen Inkremente für die Substitution einer Dreifachbindung in einem Alkan vorgenommen werden.

Tabelle 24

Abschätzung der ^{13}C-chemischen Verschiebungen sp-hybridisierter C-Atome in n-Alkinen [115]

Bezeichnung: $-C_{\delta}-C_{\gamma}-C_{\beta}-C_{\alpha}-C_{k}\equiv C-C_{\alpha'}-C_{\beta'}-C_{\gamma'}-C_{\delta'}$

Berechnung: $\delta_k = 71{,}9^{1)} + \sum A_i$

Zusammenstellung der Inkremente in ppm:

C-Atom	Inkrement A_i	C-Atom	Inkrement A_i
α	6,9	α'	−5,7
β	4,8	β'	2,3
γ	−0,1	γ'	−1,3
δ	0,5	δ'	0,6

[1]) 71,9 ppm = ^{13}C-chemische Verschiebung im Acetylen.

Einen besseren Einblick in die durch eine Dreifachbindung bewirkten Veränderungen der ^{13}C-chemischen Verschiebungen benachbarter sp-, sp^2- und sp^3-hybridisierter C-Atome gibt Tab. 25, in der die Chemischen Verschiebungen einer Reihe Alkine, Diine und Enine im Vergleich zu entsprechenden Alkanen bzw. Alkenen angegeben werden. Es lassen sich daraus folgende Verallgemeinerungen treffen:

1. Die ^{13}C-chemischen Verschiebungen der beiden sp-hybridisierten C-Atome einer endständigen Dreifachbindung in Alkinen sind in charakteristischer Weise bis zu ca. 15 ppm getrennt, die von mittelständigen Dreifachbindungen dagegen nur geringfügig.

2. In α-Stellung zu einer Dreifachbindung befindliche sp^3-hybridisierte C-Atome erfahren eine deutliche Hochfeldverschiebung (in der Größenordnung von 10—15 ppm) gegenüber dem entsprechenden Alkan.

3. Bei Konjugation mit einer zweiten Dreifachbindung in den Diinen werden die mittleren sp-hybridisierten C-

Tabelle 25a

^{13}C-chemische Verschiebungen der sp-hybridisierten C-Atome in substituierten Acetylenen [5, 130, 131]

Verbindung $Y-C\equiv C-X$			
Y	X	α	β
n-Butyl	$-Cl$	68,8	56,7
n-Butyl	$-Br$	79,8	38,4
n-Butyl	$-J$	96,8	−3,3
n-Butyl	$-COCH_3$	97,4	87,0
$-H$	$-CH_3$	79,2	66,9
$-H$	n-Butyl	83,0	66,0
$-H$	$-CH_2OH$	83,0	73,8
$-H$	$-C_6H_5$	84,6	78,3
$-H$	$-SC_2H_5$	72,6	81,4
$p-OCH_3-C_6H_4$	$-CH_3$	80,2	84,7
$p-CH_3-C_6H_4$	$-CH_3$	80,8	85,6
$p-Cl-C_6H_4$	$-CH_3$	79,6	87,7
$m-Cl-C_6H_4$	$-CH_3$	79,4	88,2

Tabelle 25b

Vergleich der ^{13}C-chemischen Verschiebungen in Alkanen, Alkenen, Alkinen, Eninen und Diinen

							Lit.
14,1	22,8	32,1	29,5	29,5			
CH_3-	CH_2-	CH_2-	CH_2-	CH_2-	R		[104]
17,9	124,9	131,7	35,0	23,0	13,7 trans		
CH_3-	$CH=$	$CH-$	CH_2-	CH_2-	CH_3		[28]
12,8	129,0	130,8	29,2	23,0	13,9 cis		
68,1	84,4	18,5	28,7				
$CH\equiv$	$C-$	CH_2-	CH_2-	R			[115]
3,4	75,2	79,3	18,8	29,1			
CH_3-	$C\equiv$	$C-$	CH_2-	CH_2-	R		[115]
14,4	12,5	79,5	81,5	18,8	29,0		
CH_3-	CH_2-	$C\equiv$	$C-$	CH_2-	CH_2-	R	[115]
82,5	82,0	118,9	137,9	60,7			
$CH\equiv$	$C-$	$CH=$	$CH-$	CH_2OH			[129]
66,5	68,8	65,3	78,6	18,8	30,3		
$CH\equiv$	$C-$	$C\equiv$	$C-$	CH_2-	CH_2-	R	[69]

Atome gegenüber den entsprechenden Alkinen in der gleichen Größenordnung nach hohem Feld verschoben.

4. Konjugation der Dreifachbindung mit einer Doppelbindung in den Eninen führt gegenüber dem entsprechenden Olefin zu einer Abschirmung des α-ständigen olefinischen C-Atoms und zu einer Entschirmung des β-ständigen.

In Tab. 25 sind weiter die ^{13}C-chemischen Verschiebungen einiger substituierter Alkine angegeben. Es wird daraus deutlich, daß die Substitution polarer Gruppen nicht zu so stark unterschiedlichen Veränderungen der zum Substituenten α- und β-ständigen ungesättigten C-Atome wie in den Olefinen führt. Dafür dürfte die geringere Polarisierbarkeit der Dreifachbindung gegenüber einer Doppelbindung verantwortlich sein.

3.1.3.5. Aromaten und Heteroaromaten

Während sich aromatisch und olefinisch gebundene H-Atome in ihrer Chemischen Verschiebung im ^{1}H-NMR-Spektrum deutlich unterscheiden, ist dies für die C-Atome im ^{13}C-NMR-Spektrum nicht der Fall. Ursache dafür ist der durch das leichtbewegliche π-Elektronensystem aromatischer Verbindungen induzierte Ringstrom, der nur innerhalb und außerhalb des Ringsystems, nicht jedoch auf die Ring-C-Atome selbst einwirkt. Aus diesem Grund liegen die ^{13}C-chemischen Verschiebungen aromatischer C-Atome im gleichen Resonanzbereich (ca. 100—160 ppm) wie die olefinischen C-Atome. Der Ringstromeffekt auf andere Kerne ist mit weniger als 1 ppm bedeutungslos.

Innerhalb des auch bei den Aromaten für die Abschirmung dominierenden paramagnetischen Verschiebungsbeitrages σ_p ist, wie bereits erwähnt, die Ausdehnung der 2 p-Elektronenwolke von entscheidender Bedeutung für die Größe der ^{13}C-chemischen Verschiebung. Da ansteigende Elektronendichten an den C-Atomen zu einer Vergrößerung der 2 p-Orbitale führen und folglich der Ausdruck $\langle r^{-3} \rangle_{2p}$ (Gl. 23) verkleinert wird, ist damit eine stärkere Abschirmung der jeweiligen C-Atome verbunden, d. h. je größer die Elektronendichte ist, desto kleiner ist der δ-Wert der Chemischen Verschiebung zu erwarten.

Eine Fülle von Untersuchungen über die Abhängigkeit der ^{13}C-chemischen Verschiebungen in Aromaten von der π- bzw. Gesamtelektronendichte an den jeweiligen C-Atomen beweisen diesen Zusammenhang. Dabei kann für eine mehr qualitative Diskussion eine Abschätzung der Elektronendichten durch die klassischen Substituenteneffekte (induktiver, sterischer und mesomerer Effekt) erfolgen. Für eine quantitative Betrachtung werden meist Hammettsche σ-Konstanten oder quantenchemisch berechnete Elektronendichten mit den ^{13}C-chemischen Verschiebungen korreliert. Häufig werden lineare Beziehungen zwischen der Chemischen Verschiebung und der Elektronendichte gefunden. Es muß aber darauf hingewiesen werden, daß eine solche einfache Korrelation nur dann zu erwarten ist, wenn innerhalb einer Reihe untersuchter Substanzen der Einfluß der übrigen Glieder, die zur Abschirmung beitragen (s. (Gl. 22)) nahezu gleich ist. Ist dies nicht der Fall, so können auch erhebliche Abweichungen von der erwarteten linearen Korrelation gefunden werden.

Im folgenden soll zunächst der Einfluß von Substituenten X auf die ^{13}C-chemischen Verschiebungen der C-Atome im Benzol anhand der klassischen Substituenteneffekte diskutiert werden.

In Tab. 26 sind die empirisch ermittelten Werte für die Veränderungen der ^{13}C-chemischen Verschiebung in ipso-, ortho-, meta- und para-Stellung zum Substituenten verzeichnet. Nach der Beziehung

$$\delta_k = B + Z_i \tag{28}$$

können damit die Chemischen Verschiebungen der C-Atome k in monosubstituierten Benzolderivaten bestimmt werden. Ein Vergleich der Z_i-Werte für die einzelnen

Tabelle 26

Veränderung der ¹³C-chemischen Verschiebung von Benzol (δ = 128,5 ppm) bei Monosubstitution

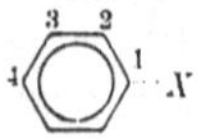

$$\delta_k = 128{,}5 + Z_i$$

Substituent X	Z_1	Z_2	Z_3	Z_4	Literatur
$-H$	0	0	0	0	
$-CH_3$	9,3	0,8	0	−2,9	[112]
$-CH_2-CH_3$	15,8	−0,4	−0,1	−2,6	[112]
$-CH(CH_3)_2$	20,3	−1,9	0,1	−2,4	[112]
$-C(CH_3)_3$	22,4	−3,1	−0,2	−2,9	[112]
$-CH=CH_2$	7,6	−1,8	−1,8	−3,5	[5]
$-C\equiv CH$	−6,1	3,8	0,4	−0,2	[4]
$-C_6H_5$	13,0	−1,1	0,5	−1,0	[5]
$-CF_3$	−9,0	−2,2	0,3	3,2	[4]
$-CHO$	8,6	1,3	0,6	5,5	[4]
$-COCH_3$	9,1	0,1	0	4,2	[4]
$-COOH$	2,1	1,5	0	5,1	[4]
$-COO^-$	7,6	0,8	0	2,8	[5]
$-COOCH_3$	2,1	1,2	0	4,4	[5]
$-CONH_2$	5,4	−0,3	−0,9	5,0	[5]
$-COCl$	4,6	2,9	0,6	7,0	[4]
$-CN$	−15,4	3,6	0,6	3,9	[4]
$-F$	34,8	−12,9	1,4	−4,5	[4]
$-Cl$	6,2	0,4	1,3	−1,9	[4]
$-Br$	−5,5	3,4	1,7	−1,6	[4]
$-J$	−32,3	9,9	2,6	−0,4	[5]
$-OH$	26,9	−12,7	1,4	−7,3	[4]
$-OCH_3$	31,4	−14,4	1,0	−7,7	[4]
$-OC_6H_5$	29,1	−9,5	0,3	−5,3	[5]
$-OCOCH_3$	23,0	−6,4	1,3	−2,3	[4]
$-OCN$	24,6	−13,1	2,2	−1,5	[72]
$-NH_2$	18,7	−12,4	+1,3	−9,5	[4]
$-N(CH_3)_2$	22,4	−15,7	0,8	−11,8	[5]
$-N(C_6H_5)_2$	19,3	−4,4	0,6	−5,9	[5]
$-\overset{\oplus}{N}\equiv N$	−12,7	6,0	5,7	16,0	[5]
$-NC$	−1,8	−2,2	1,4	0,9	[5]
$-NCO$	5,7	−3,6	1,2	−2,8	[4]
$-NO$	37,4	−7,7	0,8	7,0	[5]
$-NO_2$	20,0	−4,8	0,9	5,8	[4]
$-NSO$	14,2	−1,4	0,6	1,9	[114]
$-N=S=N-C_6H_5$	17,0	−5,3	0,3	−1,9	[114]
$-N=S(CH_3)_2$	26,4	−10,7	0,3	−12,1	[114]
$-N(CH_3)CN$	13,3	−13,4	1,8	−4,6	[72]

Tabelle 26 (Fortsetzung)

Substituent X	Z_1	Z_2	Z_3	Z_4	Literatur
$-N_3$	12,0	−9,1	1,8	−3,1	[5]
$-SH$	2,2	0,7	0,4	−3,1	[5]
$-SCH_3$	9,9	−1,9	0,1	−3,1	[113]
$-SOCH_3$	17,6	−5,1	0,7	2,3	[113]
$-SO_2CH_3$	12,3	−1,5	0,6	4,8	[113]
$-SO_3H$	15,0	−2,2	1,3	3,8	[5]
$-SCN$	−3,8	2,4	2,0	2,0	[72]

Substituenten und Stellungen führt zu folgenden Ergebnissen:

Alle Substituenten (außer den eine Dreifachbindung enthaltenden Gruppen wie —C≡CH oder —C≡N und einigen voluminösen Gruppen wie Br, J) führen vorwiegend infolge ihres induktiven Effektes zu einer verringerten Abschirmung des ipso-C-Atoms. Die meta-Stellung wird gegenüber den δ-Werten im Benzol nur unwesent-

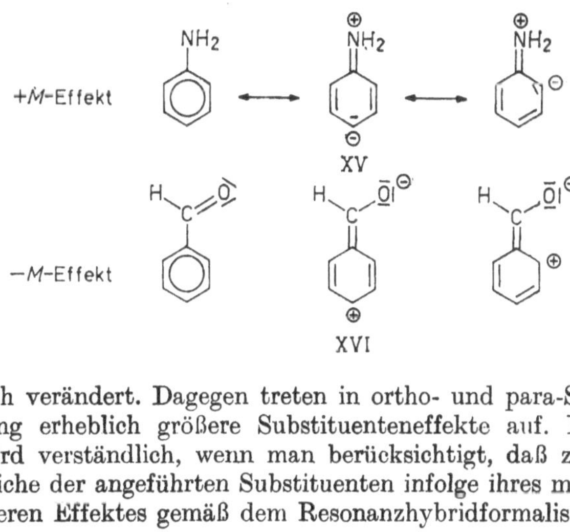

lich verändert. Dagegen treten in ortho- und para-Stellung erheblich größere Substituenteneffekte auf. Dies wird verständlich, wenn man berücksichtigt, daß zahlreiche der angeführten Substituenten infolge ihres mesomeren Effektes gemäß dem Resonanzhybridformalismus

(Formeln *XV* und *XVI*) zu einer deutlichen Veränderung der Elektronendichten in o- und p-Stellung führen. Bei $+M$-Substituenten kommt es zu einer Erhöhung der Elektronendichte in o- und p-Stellung, bei $-M$-Substituenten zu einer Erniedrigung. Dies führt dazu, daß Substituenten mit $+M$-Effekt eine Hochfeldverschiebung der o- und p-ständigen C-Atome bewirken, wogegen Substituenten mit $-M$-Effekt eine Niedrigfeldverschiebung hervorrufen. Dabei sind die o-Effekte im allgemeinen nicht so deutlich ausgeprägt, da der mesomere Effekt der Substituenten in o-Stellung durch sterische Effekte und auch induktive Effekte der Substituenten überlagert werden kann. Dagegen findet man eine nahezu quantitative Abhängigkeit der Chemischen Verschiebung der para-C-Atome von den HAMMETTschen σ_p-Konstanten des Substituenten (vgl. Abb. 17).

Zur Verdeutlichung dieser Effekte sind in Formel *XVII* die ^{13}C-chemischen Verschiebungen der einzelnen C-Atome eines monosubstituierten Benzols mit einem typischen $+M$-Substituenten (Anilin) und einem typischen $-M$-Substituenten (Benzoylchlorid) dem unsubstituierten Benzol gegenübergestellt.

XVII

Die in Tab. 26 aufgeführten Werte für die Veränderung der Chemischen Verschiebungen im Benzol bei Einführung eines Substituenten können auch zur Abschätzung der ^{13}C-chemischen Verschiebung in mehrfach substituierten Benzolen herangezogen werden. Dies sei an einem Beispiel erläutert.

Die ^{13}C-chemische Verschiebung der C-Atome in einer Reihe 3.5.-Dinitrobenzoesäureester (Formel XVIII) errechnet sich wie folgt:

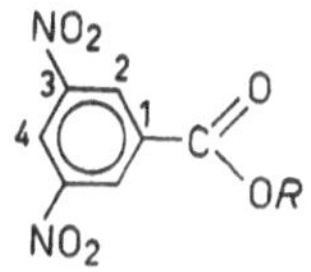

XVIII

C-1 —	Grundwert	128,5
	$+Z_1(COOCH_3)$	+2,1
	$+2 \times Z_3(NO_2)$	+1,8
	berechnet:	132,4 ppm
	experimentell:	134,2 ppm

C-2 —	Grundwert	128,5
	$+Z_2(COOCH_3)$	+1,2
	$+Z_2(NO_2)$	−4,8
	$+Z_4(NO_2)$	+5,8
	berechnet:	130,7 ppm
	experimentell:	129,4 ppm

C-3 —	Grundwert	128,5
	$+Z_1(NO_2)$	+20,0
	$+Z_3(NO_2)$	+0,9
	$+Z_3(COOCH_3)$	+0,0
	berechnet:	149,4 ppm
	experimentell:	148,5 ppm

C-4 —	Grundwert	128,5
	$+2 \times Z_2(NO_2)$	−9,6
	$+Z_4(COOCH_3)$	+4,4
	berechnet:	123,3 ppm
	experimentell:	122,2 ppm

Dabei sollten die beobachteten Abweichungen hauptsächlich auf den zur Berechnung verwandten Rest $R = CH_3$ zurückzuführen sein, der im Experiment einen komplizierten Polycyclus darstellt.

Im Falle von para- bzw. meta-Disubstitution wird dabei im allgemeinen eine gute Übereinstimmung zwischen den berechneten und experimentell ermittelten Werten gefunden. Dagegen beobachtet man bei o-Disubstitution häufig größere Abweichungen, die auf eine sterische Hinderung der coplanaren Anordnung der Substituenten zum aromatischen Ring und auf eine elektronische Wechselwirkung zwischen den Substituenten zurückgeführt werden können. Diese Abhängigkeit der ^{13}C-chemischen Verschiebung von der Koplanarität des mesomeren Systems kann umgekehrt zur Ermittlung von Verdrillungen um Einfachbindungen in einem mesomeren System benutzt werden.

In 2,4,6-trisubstituierten Phenylketonen (Formel *XIX*) wird die coplanare Anordnung der Carbonylgruppe zum Benzolkern durch voluminöse Substituenten *R* in o,o'-Stellung behindert.

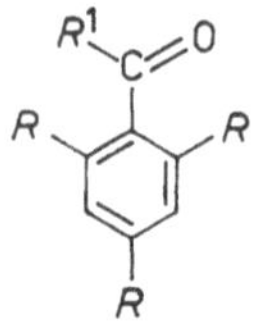

XIX

In Tab. 27 nimmt von oben nach unten diese sterische Hinderung zu und die Carbonylgruppe wird in zunehmendem Maße aus der Ebene des Benzolkerns herausgedreht. Im ^{13}C-NMR-Spektrum macht sich diese verringerte Konjugation durch eine Verschiebung des Signals des Carbonylkohlenstoffs nach niederem Feld bemerkbar. Diese Verschiebungen und die damit einhergehenden Verdrillungen zwischen Carbonylgruppe und Aromat sind für die Substituenten R = tert. Butyl in allen 4 Substanzklassen Variablen R^1 am größten und werden über R = iso-Propyl, R = Methyl zu R = H zunehmend geringer. Auch die aromatischen C-Atome reproduzieren diesen Verdrillungseffekt, aber weniger stark ausgeprägt.

Tabelle 27

¹³C-chemische Verschiebungen des Carbonyl-C-Atoms unterschiedlich substituierter Phenylketone [32]

Verbindungen	R^1	$-C_2H_5$	$-OCH_3$	$-Cl$	$-N(CH_3)_2$
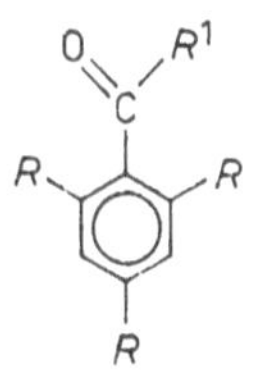	R = H	199,9	166,9	168,2	171,1
	CH_3	211,0	170,4	170,4	171,2
	$CH(CH_3)_2$	211,1	171,3	170,9	171,3
	$C(CH_3)_3$	212,9	173,1	173,8	173,5

Mehrkernige Aromaten

Die ¹³C-chemischen Verschiebungen einer Auswahl von mehrkernigen Aromaten sind in Tab. 28 zusammengestellt. Im Gegensatz zum Benzol sind die einzelnen C-Atome nicht mehr äquivalent, so daß verschiedene Signale auftreten, die sich in ihrer Chemischen Verschiebung teilweise beträchtlich unterscheiden. Als näher zu diskutierendes Beispiel soll hier das zu den nicht-alternierenden Kohlenwasserstoffen zählende Azulen angeführt werden. Nach quantenchemischen Berechnungen ist die Verteilung der 10-π-Elektronen auf die einzelnen Kohlenstoffe verschieden. Trägt man diese π-Elektronendichten gegen die gemessene Chemische Verschiebung der einzelnen C-Atome auf, so erhält man die in Abb. 18 dargestellte lineare Abhängigkeit.

Die Veränderungen der ¹³C-chemischen Verschiebungen bei Einführung eines Substituenten in mehrkernige Aro-

Tabelle 28

^{13}C-chemische Verschiebungen mehrkerniger aromatischer Kohlenwasserstoffe

Verbindung	^{13}C-chemische Verschiebung der C-Atome							Literatur
	1	2	3	4	5	6	7	
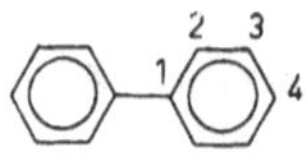	141,5	127,4	129,0	127,5				[96]
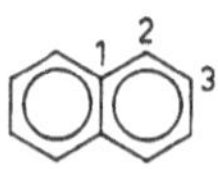	133,3	127,7	125,6					[116]
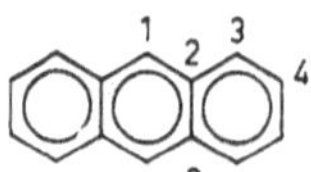	126,1	131,6	128,3	125,2				[116]
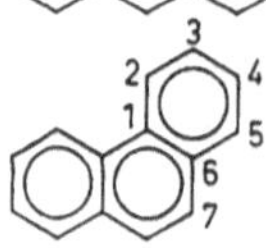	130,3	122,6	126,5	126,5	128,5	132,1	126,9	[116]
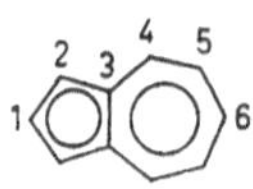	136,9	118,1	140,2	136,4	122,6	136,9		[96]
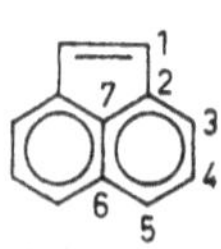	129,7	140,0	124,3	127,9	127,4	128,4	128,7	[5]

maten sind von den am Benzol ermittelten erwartungsgemäß verschieden. Als Beispiel sind in Tab. 29 der Einfluß von Substituenten auf die ^{13}C-chemische Verschiebung in 1- und 2-substituierten Naphthalinen dargestellt [33]. Während die Mittelwerte der ortho-Substituenteneffekte mit denen am Benzol i. allg. befriedigend übereinstimmen, ergeben sich doch größere Unterschiede zwischen den Effekten auf C_2 und C_9 in XX bzw. C_1 und

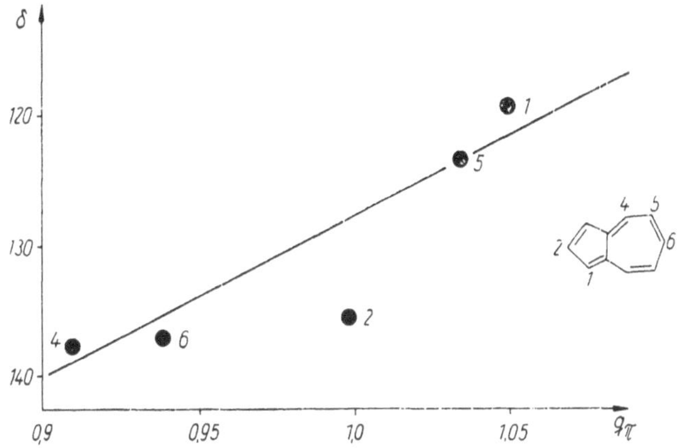

Abb. 18. Korrelation der ^{13}C-chemischen Verschiebung im Azulen mit der π-Elektronendichte q_i der C-Atome

C_3 in *XXI*. Die wesentlich größeren ortho-Effekte auf C_2 in *XX* und C_1 in XXI sind auf die nach *XX*a bzw. *XXI*a bevorzugte Lokalisation von negativer Ladung (+*M*-Substi-

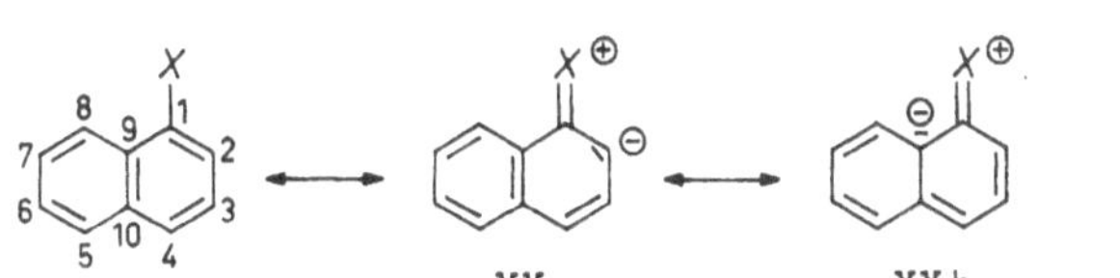

XX XXa XXb

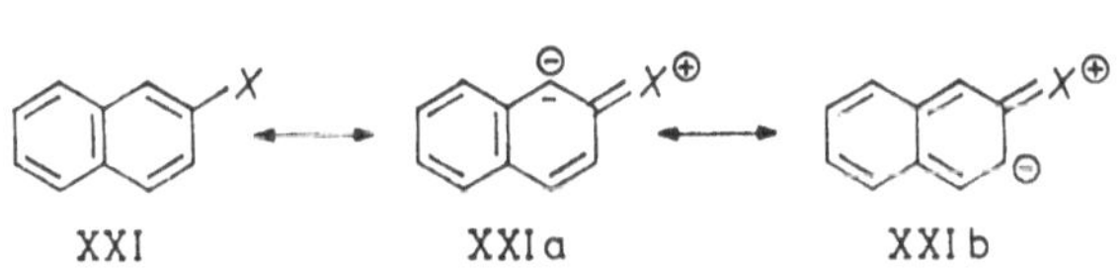

XXI XXIa XXIb

tuenten) zurückzuführen, da die instabilen Resonanzformeln *XX*b und *XXI*b nicht gestatten, dem unsubstituierten Ring eine Kekulé-Struktur zuzuschreiben [33]. Analoge Betrachtungen können für die p-Stellung ange-

Tabelle 29

Substituenteneffekte auf die ^{13}C-chemischen Verschiebungen von isomeren 1- bzw. 2-substituierten Naphthalinen[1]) [33]

Substituent	C_1	C_2	C_3	C_4	C_5	C_6	C_7	C_8	C_9	C_{10}
$-CH_3$	+5,8[1])	−0,9	+0,5	+1,6	−0,6	+0,6	+0,4	+4,0	+0,9	−0,1
	(+0,1)[2])	(−9,1)	(−2,1)	(+0,3)	(+0,3)	(+0,8)	(+0,1)	(+0,8)	(+0,1)	(+1,7)
−F	+30,9	−16,3	+0,1	−3,8	0,0	−1,3	+0,7	−7,7	−10,0	+1,6
	(−17,1)	(+34,9)	(−9,8)	(+2,9)	(+0,2)	(−0,5)	(+1,3)	(−0,5)	(+0,8)	(−2,9)
−Cl	+3,6	+0,4	+0,1	−0,4	+0,6	+1,1	+1,5	−3,9	−3,0	+1,2
	(−1,3)	(+5,4)	(+0,7)	(2,0)	(0,0)	(+0,5)	(+1,3)	(−0,7)	(+0,5)	(−1,8)
−Br	−5,6	+4,2	+0,6	+0,4	+0,7	+1,0	+1,7	−1,2	−1,8	+1,2
	(+2,0)	(−6,4)	(+3,3)	(+2,1)	(+0,1)	(+0,7)	(+1,3)	(−0,7)	(+1,0)	(−1,6)
−J	−28,9	+11,7	+1,2	+1,3	+0,9	+1,0	+2,0	+3,8	+0,5	+0,5
	(+8,7)	(−34,7)	(+8,4)	(+1,8)	(0,0)	(+0,7)	(+0,9)	(−1,1)	(+1,4)	(−1,6)
−OH	+25,4	−17,7	+0,4	−8,7	−0,4	+0,3	−1,2	−5,7	−8,6	+1,4
	(−18,8)	(+29,5)	(−7,4)	(+1,7)	(0,1)	(−2,9)	(+0,4)	(−1,6)	(+1,5)	(−5,0)
$-OCH_3$	+27,6	−22,0	−0,1	−7,6	−0,4	+0,6	−0,6	−5,8	−7,8	+1,0
	(−22,7)	(+31,9)	(−7,1)	(+1,5)	(−0,2)	(−2,2)	(+0,6)	(−1,1)	(+1,1)	(−4,5)
$-NH_2$	+16,2	−17,3	+0,8	−10,8	+0,4	−0,3	−1,7	−6,2	−10,1	+1,1
	(−20,7)	(+20,4)	(−7,4)	(+0,9)	(−0,2)	(−4,3)	(+0,2)	(−2,3)	(+1,8)	(−6,2)
$-N(CH_3)_2$	+23,2	−11,9	0,0	−5,1	+0,4	−0,2	−0,9	−3,7	−4,7	+1,3
	(−21,6)	(+23,0)	(−9,4)	(+0,7)	(−0,5)	(−4,1)	(+0,2)	(−1,7)	(+1,6)	(−6,7)

[1]) für 1-substituierte Naphthaline

[2]) für 2-substituierte Naphthaline (Werte in Klammern)

stellt werden. Für die m-Stellung werden analog den substituierten Benzolen nur geringfügige Änderungen der ^{13}C-chemischen Verschiebungen bei Substituentenvariation registriert.

Heteroaromaten

Zu den Heteroaromaten rechnet man konjugierte 5- und 6-Ringsysteme mit einem oder mehreren Heteroatomen, die zur Ausbildung eines π-Elektronensextetts befähigt sind und mehr oder weniger aromatisches Verhalten zeigen. Die ^{13}C-Resonanzsignale dieser Verbindungen sind deshalb im aromatischen Bereich von 110 bis 160 ppm zu erwarten.

Das Heteroatom kann in diesen Verbindungen entweder eine oder mehrere —CH=Gruppen des Benzols (Methinstellvertreter, z. B. =N— im Pyridin) oder eine —CH=CH-Gruppe (Vinylenstellvertreter, z. B. —NH— im Pyrrol) ersetzen. Im ersteren Fall steuert es ein π-Elektron, im zweiten Fall ein freies Elektronenpaar (2 π-Elektronen) zur Ausbildung des aromatischen π-Elektronensextetts bei. Dadurch kommt es zu der durch den Resonanzformalismus in Formel *XXII* und *XXIII* dargestellten Elektro-

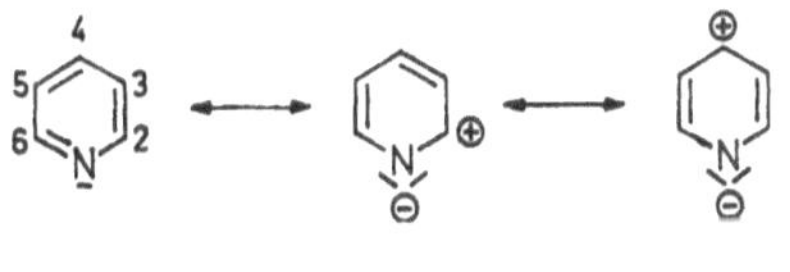

XXII

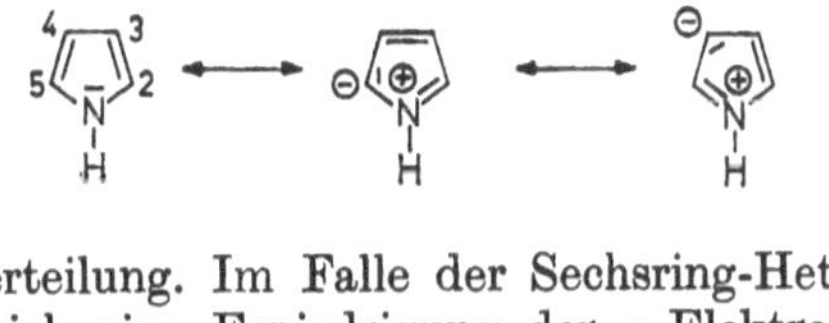

XXIII

nenverteilung. Im Falle der Sechsring-Heterocyclen ergibt sich eine Erniedrigung der π-Elektronendichte an den C-Atomen 2,4,6 gegenüber Benzol (π-Mangel-Heterocyclen), in den Fünfring-Heterocyclen eine Erhöhung (π-Überschuß-Heterocyclen). Zur Diskussion der ^{13}C-Spektren der Heteroaromaten erweist es sich — wie auch in der Chemie — als zweckmäßig, die Heteroaromaten unter diesen Gesichtspunkten zu betrachten.

π-Mangel-Heterocyclen

In Tab. 30 sind die ¹³C-chemischen Verschiebungen einiger monocyclischer π-Mangel-Heterocyclen aufgeführt. Als einfachstes Beispiel soll das Pyridin näher diskutiert werden.

In Abb. 19 sind die mit Hilfe der MO-Theorie berechneten π-Elektronendichten q_i des Pyridins den ¹³C-chemischen Verschiebungen gegenübergestellt. Es ergibt sich eine lineare Abhängigkeit. Die an π-Elektronen verarmten Positionen 2, 6 und 4 weisen gegenüber Benzol höhere δ-Werte der Chemischen Verschiebung auf, die mit π-Elektronen angereicherte Position 3 kleinere.

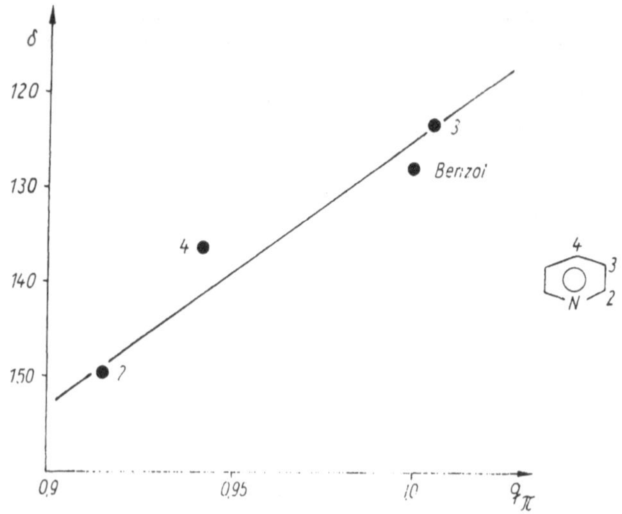

Abb. 19. Korrelation der ¹³C-chemischen Verschiebungen im Pyridin mit der π-Elektronendichte q_i der C-Atome

Tabelle 30

^{13}C-chemische Verschiebungen von monocyclischen π-Mangel-Heterocyclen relativ zu Benzol (δ = 128,5 ppm)

Verbindung	C_2	C_3	C_4	C_5	Literatur
	+21,7	−4,6	+7,4		[34a]
	+17,1				[34a]
	+31,0	–	+29,0	−6,4	[34a]
	–	+24,3	−0,9		[34a]
	+40,8	−0,8	+32,7		[119]

Durch chemische Umsetzungen am Stickstoff werden die ^{13}C-chemischen Verschiebungen der einzelnen Kohlenstoffatome in charakteristischer Weise verändert.

N-Protonierung (Formel *XXIV*) [34]: Durch Vermessen der N-Heterocyclen in Säure können sehr leicht die ^{13}C-NMR-Spektren der protonierten Verbindungen erhalten werden. Als Folge der positiven Ladung am Stickstoffatom werden die π-Elektronen stärker als im neutralen Molekül zum Stickstoff hingezogen, so daß sich an den Ring-C-Atomen eine weitere Verringerung der Elektronendichte und damit eine Niedrigfeldverschiebung der Signale im ^{13}C-NMR-Spektrum ergeben sollte. Dies ist für die C-Atome 3,5 und 4 tatsächlich der Fall (Tab. 31). Dagegen wird für die unmittelbar dem Stickstoff benachbarten C-Atome 2 und 6 eine Hochfeldverschiebung beobachtet.

N-Methylierung (Formel *XXV*) [35]: Analoge Veränderungen des ^{13}C-NMR-Spektrums von Pyridin sind durch Methylierung zu erwarten. Dies wird durch die in Tab. 31

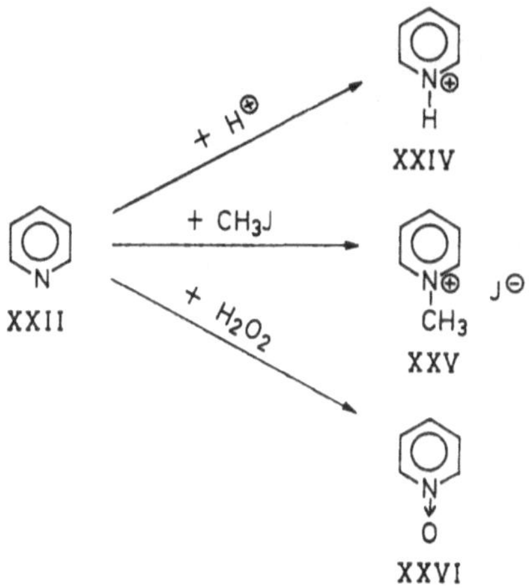

aufgeführten Werte des N-Methyl-Pyridinium-Kations bestätigt. Allerdings sind die durch Protonierung hervorgerufenen Veränderungen etwas größer.

Tabelle 31

^{13}C-chemische Verschiebungen relativ zum Pyridin im Pyridinium-Kation $C_5H_5\overset{\oplus}{N}H$, N-Methyl-pyridinium-Kation $C_5H_5\overset{\oplus}{N}CH_3$ und Pyridin-N-Oxid

Stellung	$C_5H_5\overset{\oplus}{N}H$ [34]	$C_5H_5\overset{\oplus}{N}CH_3$ [35]	C_5H_5NO [36]
2,6	−7,8	−3,0	−10,5
3,5	+5,0	+3,2	+2,2
4	+12,4	+7,8	−9,5

N-Oxidation (Formel *XXVI*) [36]: Auch die präparativ leicht durchführbare Oxidation des Pyridins zum N-Oxid bedingt eine charakteristische Umverteilung der Elektronen, die in den Grenzstrukturen der Formel *XXVI* zum Ausdruck kommen und sich im ^{13}C-NMR-Spektrum widerspiegeln. Die erhöhte Elektronendichte am C_2, C_4 und C_6 bedingt eine Hochfeldverschiebung der entsprechenden

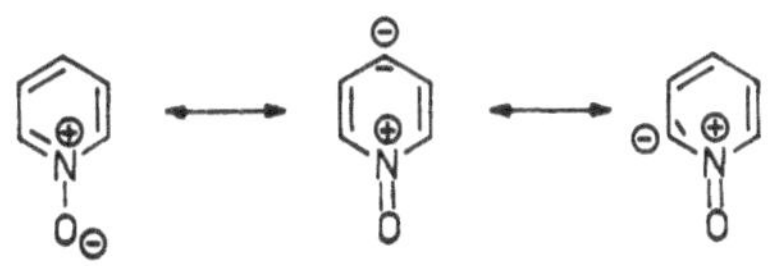

XXVI XXVIa XXVIb

Signale des Pyridins, an C_3 und C_5 erfolgt dagegen eine Verschiebung nach niederem Feld.

Da an anderen N-Heterocyclen diese Beeinflussung der Chemischen Verschiebung durch Protonierung, Methylierung und N-Oxidation in prinzipiell gleicher Weise wirksam wird, ergeben sich daraus wertvolle Möglichkeiten der Zuordnung der ¹³C-Signale im Spektrum der betreffenden Verbindungen. Bei Heterocyclen mit mehreren N-Atomen muß allerdings das angegriffene N-Atom feststehen. Ist umgekehrt die Zuordnung der C-Atome im Spektrum bekannt, so lassen sich aus den bei der Protonierung, Methylierung oder N-Oxidation auftretenden Verschiebungen Rückschlüsse ziehen, welches N-Atom angegriffen wurde.

Die bei der Protonierung, Methylierung und N-Oxidation auftretenden Verschiebungen der Ring-C-Atome sind für einige Sechsringheterocyclen mit 2 Stickstoffatomen in Tab. 30 zusammengestellt.

Die ¹³C-chemischen Verschiebungen der Diazine lassen sich — wie man sich in Tab. 32 leicht überzeugen kann — unter Verwendung der bekannten Verschiebungseffekte eines N-Atoms im Pyridin vorhersagen. Das Gleiche ist unter Verwendung der Verschiebungseffekte des Stickstoffatoms in Chinolin und Isochinolin für die benzkondensierten N-Heterocyclen möglich. Tabelle 33 gibt einen Überblick über die Veränderungen der ¹³C-chemischen Verschiebungen in diesen Verbindungen gegenüber Benzol. Es zeigt sich dabei aber insbesondere bei den Verbindungen mit 2 benachbarten N-Atomen (Phthalazin, Cinnolin), bei denen doch erhebliche Abweichungen zwischen abgeschätzten und experimentell bestimmten Werten auftreten, daß solche einfache Additivitätswerte von begrenztem Wert sind. Eine Zuordnung der ¹³C-NMR-Signale im Spektrum der benzkondensierten Heterocyclen wird ebenso wie bei den monocyclischen Verbindungen

Tabelle 32

Beeinflussung der ¹³C-chemischen Verschiebung in Sechs-Ring-Heteroaromaten bei Protonierung (*a*) [34], Methylierung (*b*) [35] und N-Oxidation (*c*) [36]

Verbindung	C-2	C-3	C-4	C-5	C-6
	*a*: –	–0,7	+7,6	+7,6	–0,7
	b: –	+0,4	+7,2	+7,2	+0,4
	c: –	–1,0	–10,0	+8,3	–17,5
	*a*: –5,6	+0,9	+1,6		
	b: –3,0	+1,6	+1,3		
	c: –12,0	–	–14,0	+2,0	–15,0
	*a*: –1,9				
	b: –0,5				
	c: –13,0	–	–	–	–

durch Korrelation der ¹³C-chemischen Verschiebungen mit quantenchemisch berechneten Elektronendichten, durch Protonierung und Methylierung erleichtert.

Der Einfluß von Substituenten auf die ¹³C-chemischen Verschiebungen von einfachen und benzkondensierten Heterocyclen kann mit Hilfe von Substituentenparametern abgeschätzt werden. Bei Substitution im benzoiden Ring (bei benzkondensierten Verbindungen) können dabei die vom Benzol bekannten Substituentenparameter (Tab. 26) verwendet werden. Bei Substitution im heterocyclischen Ring ist die Stellung des Substituenten zum Heteroatom zu beachten. So ist für 3- und 4-substituierte Pyridine und Pyrryliumsalze eine befriedigende Übereinstimmung mit den Substituenteneinflüssen am Benzol beobachtet worden. Für die in unmittelbarer Nachbarstellung zum Heteroatom – in 2-Stellung –

substituierten Verbindungen treten jedoch erhebliche Abweichungen auf. Es ist deshalb notwendig, zur Abschätzung der ^{13}C-chemischen Verschiebung in substituierten heterocyclischen Ringen speziell für die Substanzklasse abgeleitete Substituentenkonstanten zu verwenden.

π-Überschuß-Heterocyclen

Die in Abb. 20 aufgeführten π-Elektronendichten im Pyrrol, das als typischer Vertreter der π-Überschuß-Heterocyclen betrachtet werden soll, zeigen gegenüber Benzol ($q_i = 1$) eine erhöhte Elektronendichte am C_2 und C_5, ganz besonders aber an den C-Atomen 3 und 4 an. Es ergibt sich erneut eine lineare Abhängigkeit zwischen π-Elektronendichte und ^{13}C-chemischer Verschiebung, so daß die ^{13}C-Resonanzsignale im Pyrrol bei kleineren δ-Werten der Chemischen Verschiebung zu finden sind als im Benzol.

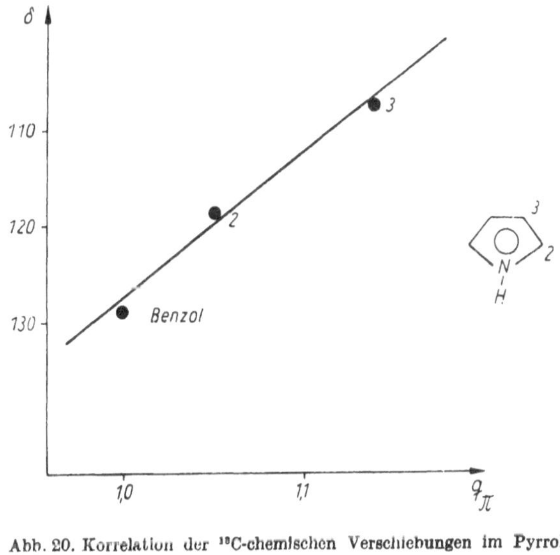

Abb. 20. Korrelation der ^{13}C-chemischen Verschiebungen im Pyrrol mit der π-Elektronendichte q_i der C-Atome

Tabelle 33

^{13}C-chemische Verschiebungen von benzkondensierten Azinen und Diazinen [37, 38] relativ zu Benzol (δ = 128,5 ppm)

Verbindung	^{13}C-chemische Verschiebungen									
	1	2	3	4	5	6	7	8	9	10
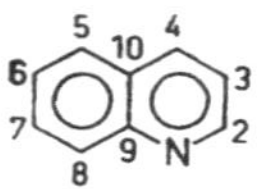	–	−22,4	+7,0	+7,5	+0,2	+1,7	−1,2	−1,6	−20,5	−0,2
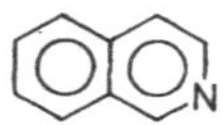	−24,6	–	−15,3	+7,7	+1,7	+2,0	+1,0	+0,6	−0,6	−7,5
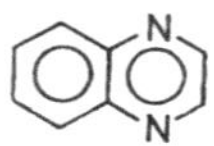	–	−17,0	−17,0	–	−1,3	−1,4	−1,4	−1,3	−14,7	−14,7
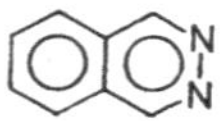	−23,5	–	–	−23,5	+1,8	−4,7	+1,8	−4,7	+1,8	+1,8
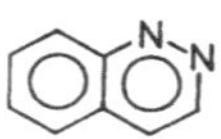	–	–	−17,6	+3,9	+0,6	−3,8	−3,6	−1,0	−22,5	+1,7

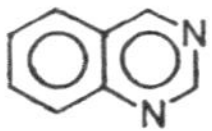	—	−32,0	—	−27,2	+1,1	+0,6	−5,6	−0,1	−21,6	+3,3
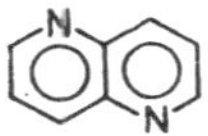	—	−23,2	+3,5	−11,9	—	—	—	—	−15,7	—
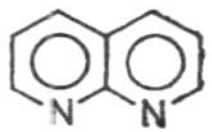	—	−25,5	+5,7	−10,4	—	—	—	—	+5,1	−27,9
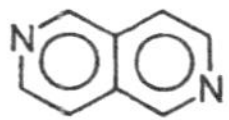	−24,1	—	−16,9	+8,6	—	—	—	—	−2,5	—
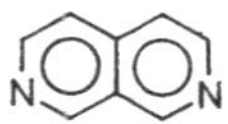	−24,9	—	−18,7	+8,9	—	—	—	—	−10,0	+4,2

Allerdings hängt die Elektronenverteilung in den Fünfring-Heteroaromaten in entscheidendem Maße von Natur und Zahl der vorhandenen Heteroatome ab. Neben Stickstoff sind vor allem noch die Chalcogene (O, S, Se, Te) als Heteroatome in 5-Ring-Heteroaromaten zu finden. In der Reihenfolge S > Se > Te > O steuern sie in abnehmendem Maße ihr freies Elektronenpaar zum π-Elektronensextett bei, so daß in dieser Reihenfolge eine Verringerung der π-Elektronendichte an den C-Atomen und damit eine Verschiebung der ^{13}C-Resonanzsignale nach höheren δ-Werten erfolgen sollte. Tab. 34 zeigt, daß die Chemische Verschiebung der zum Heteroatom benachbarten C-Atome dies nicht widerspiegelt, sondern irreguläre Veränderungen zeigt. Dagegen verschieben sich die ^{13}C-Resonanzsignale der β-C-Atome in dieser Reihenfolge systematisch nach hohem Feld. Bildet man die Differenzen der ^{13}C-chemischen Verschiebungen der jeweiligen α- und β-ständigen C-Atome ($\delta_\alpha - \delta_\beta$) so spiegeln diese Werte direkt die

Tabelle 34

^{13}C-chemische Verschiebungen von π-Überschuß-Heterocyclen mit unterschiedlichem Heteroatom

Heteroatom *X*	Substituent *R*	C-2	C-3	C-4	C-5	Literatur
–NH–	–H	117,3	107,6			[39]
	2-*Me*	(10,8)	(–1,2)	(1,1)	(–2,1)	
	3-*Me*	(–2,4)	(12,7)	(1,1)	(–0,9)	
–O–	–H	143,6	110,4			[40]
	2-*Me*	(9,1)	(–4,1)	(0,7)	(–1,9)	
	3-*Me*	(–3,4)	(10,1)	(2,5)	(–0,1)	
–S–	–H	125,6	127,3			[41]
	2-*Me*	(14,6)	(1,5)	(–0,2)	(1,8)	
	3-*Me*	(–4,3)	(10,8)	(2,6)	(0,3)	
–Se–	–H	131,0	129,8			[42]
	2-*Me*	(15,4)	(–1,8)	(–0,2)	(–2,0)	
	3-*Me*	(–5,9)	(10,0)	(2,9)	(–0,5)	
–Te–	–H	127,3	138,0			[43]

Abnahme des aromatischen Charakters in der obigen Reihenfolge wider.

Im folgenden soll untersucht werden, wie sich die ^{13}C-chemischen Verschiebungen der Ring-C-Atome ausgehend vom Pyrrol bei fortschreitendem Ersatz von $-\underset{H}{C}=$Gruppen durch weitere N-Atome verändern (vgl. Tab. 35). Eine Betrachtung der wesentlichen Grenzstrukturen des Imidazols (Formel *XXVII*) zeigt, daß hier die Bedingungen für eine Beteiligung des freien Elektronenpaares an

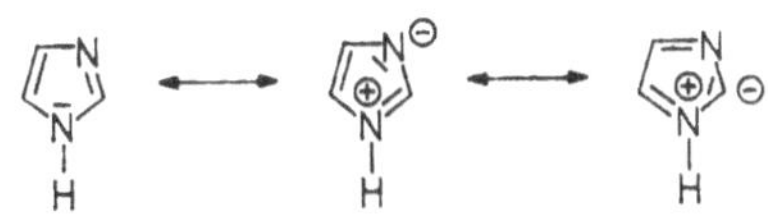

XXVIIa XXVIIb XXVIIc

XXVIId XXVIIe

der Wechselwirkung der π-Elektronen günstiger als im Pyrrol sein müssen, weil in der polaren Grenzstruktur *b* anstelle eines C-Atoms der elektronegativere Stickstoff Sitz der negativen Ladung ist. In den Triazolen gibt es 2, beim Tetrazol drei solcher energetisch begünstigter zwitterionischer Strukturen, die stärker am Grundzustand beteiligt sind als die entsprechenden Strukturen im Pyrrol. Damit läßt sich zumindest qualitativ erklären, daß die im Pyrrol beobachtete Hochfeldlage der ^{13}C-Resonanzen mit ansteigender Zahl der N-Atome einer zunehmenden Tieffeldlage weicht, die beim s-Triazol mit 147,9 ppm am extremsten ist.

Durch Substituenten werden die einzelnen C-Atome der π-Überschuß-Heterocyclen unterschiedlich beeinflußt (s. Tab. 34 für Methyl-substituierte Fünfring-Heteroaromaten). Besonders groß sind erwartungsgemäß die Verschiebungen an dem C-Atom, das den Substituenten trägt.

Tabelle 35

^{13}C-chemische Verschiebungen einer Auswahl von Azolen und deren N-Methylderivaten [44]

Verbindung in Dioxan	C-2	C-3	C-4	C-5	$N-CH_3$
	117,7	108,0	–	–	–
	121,6	108,0	–	–	35,4
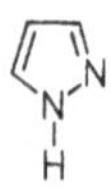	–	134,0	105,8	134,6	–
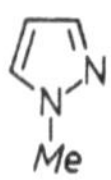	–	139,6	105,4	129,8	38,2
	136,3	–	122,8	122,8	–
	138,3	–	129,6	120,3	32,6
	147,9	–	–	147,9	–
	144,1	–	–	144,1	30,7
	–	131,6	131,6	–	–

Tabelle 35 (Fortsetzung)

Verbindung in Dioxan	C-2	C-3	C-4	C-5	$N-CH_3$
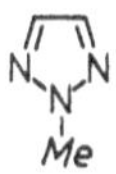	–	134,7	134,7	–	41,5
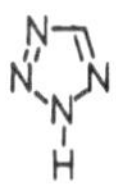	–	143,3	–	–	–
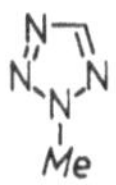	–	144,2	–	–	33,7

Dagegen treten in 2-substituierten Verbindungen am C-Atom 4, in 3-substituierten Verbindungen am C-Atom 5 — beide Positionen entsprechen formal der meta-Stellung im Benzol — nur geringfügige Veränderungen auf.

Interessanterweise wird in der Literatur [39] festgestellt, daß die Substituenteneffekte, insbesondere für die polaren Substituenten, mehr denen am Äthylen (für $X-C_2-C_3$), als denen am Benzol ähneln. Dies ist mit einer hohen Lokalisation der Doppelbindung zwischen C_2, C_3 und C_4, C_5 vorstellbar. Bei Verwendung einer allgemeinen Beziehung nach ERNST [45] zur Bestimmung der Bindungsordnung mit Hilfe des β-Methylgruppeneffektes

$$\Delta\delta_\beta = 12{,}6 - 18{,}6 p_\pi \qquad (29)$$

(die Werte für die methylsubstituierten Heterocyclen enthält Tab. 34) wird in der Tat eine stets höhere π-Bindungsordnung für C_2-C_3 als für C_3-C_4 angezeigt. Tabelle 36 enthält eine Zusammenstellung der Ergebnisse.

Die benzkondensierten π-Überschuß-Heterocyclen (Tab. 37) zeigen die gleiche Abhängigkeit der ¹³C-chemischen Verschiebung der α- und β-ständigen C-Atome vom Heteroatom wie die entsprechenden monocyclischen Verbindungen ($\delta_\alpha - \delta_\beta$ für Benzofuran 38,3, für Indol 22,5,

Tabelle 36

Vorhersage der π-Bindungsordnung p_{rs} unter Verwendung des β-Methylgruppeneffektes in π-Überschuß-Heterocyclen [45]

$\Delta\delta_\beta = 12{,}6 - 18{,}6 p_\pi$

Verbindung	Stellung des β-C-Atoms	Größe des β-Effektes $\Delta\delta_\beta$	vorhergesagte π-Bindungsordnung
		−7,8 ppm	1,10
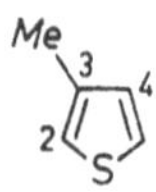	2 4	−4,3 ppm +2,6 ppm	$p_{2,3} = 0{,}91$ $p_{3,4} = 0{,}54$
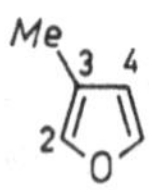	2 4	−3,4 ppm +2,5 ppm	$p_{2,3} = 0{,}86$ $p_{3,4} = 0{,}54$
	2 4	−2,4 ppm +1,1 ppm	$p_{2,3} = 0{,}81$ $p_{3,4} = 0{,}62$
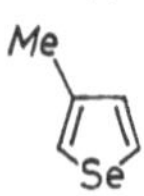	2 4	−5,9 ppm +2,9 ppm	$p_{2,3} = 0{,}99$ $p_{3,4} = 0{,}52$
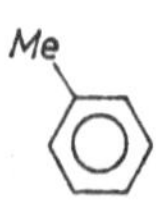		+0,7 ppm	0,64

für Thionaphthen 1,7). Bei Methylsubstitutionen lassen sich die zu erwartenden ¹³C-chemischen Verschiebungen durch die vom Benzol bekannten Substituenteneffekte (bei Substitution im benzoiden Ring) bzw. durch die aufgeführten Substituenteneffekte an den verschiedenen Heterocyclen (bei Substitution im heterocyclischen Ring) abschätzen.

Tabelle 37

^{13}C-NMR-Spektren von methylsubstituierten Indolen, Benzofuranen und -thiophenen im Vergleich zu Inden [46–48]

Verbindung	C-2	C-3	C-4	C-5	C-6	C-7	C-7a	C-3a
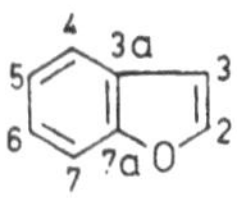	144,8	106,5	121,1	122,7	142.2	111,4	155,0	127,4
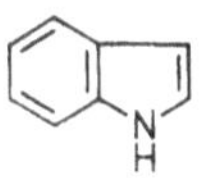	125,1	102,6	121,3	122,3	120,2	111,8	136,1	128,7
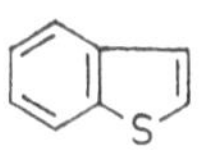	126,1	123,6	123,5	124,0	124,0	122,3	139,6	139,4
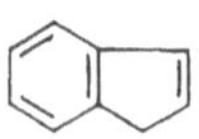	133,6	131,9	123,5	124,4	126,0	120,8	143,3	144,6

3.1.3.6. Funktionelle Gruppen organischer Verbindungen

Ein gegenüber der ^{1}H-NMR entscheidender Vorteil der ^{13}C-NMR-Spektroskopie ist es, funktionelle Gruppen, die in der organischen Chemie überwiegend protonenfrei vorkommen, direkt anhand ihrer ^{13}C-Absorption zu untersuchen. Es entsteht dadurch die Möglichkeit, ihre sterischen und elektronischen Wechselwirkungen mit dem Molekülrest anhand der Veränderungen der ^{13}C-chemischen Verschiebungen aufzuzeigen und somit die indirekten Aussagen der ^{1}H-NMR-Spektroskopie durch unmittelbare Meßwerte zu ersetzen.

C-freie funktionelle Gruppen lassen sich allerdings auch nur durch ihren Substituenteneffekt auf benachbarte C-Atome nachweisen.

3.1.3.6.1. Carbonylgruppen

Da die Carbonylgruppe infolge der Polarisation ihrer π-Bindung (vgl. *XXVIII*) eine verringerte Elektronendichte am Carbonylkohlenstoff aufweist, sind die hohen Werte der Chemischen Verschiebung für derartige C-

XXVIII

Atome von 150—220 ppm verständlich. In diesem Bereich sind außer einigen stark entschirmten C-Atomen in Heteroaromaten und den zentralen C-Atomen in Allenen keine anderen ^{13}C-Resonanzsignale zu erwarten, so daß Carbonylgruppen leicht erkannt werden können. Allerdings ist die Intensität ihrer ^{13}C-Resonanzsignale oft sehr gering (quartäre C-Atome). Aus dem relativ breiten Resonanzbereich läßt sich weiter entnehmen, daß die ^{13}C-chemischen Verschiebungen des Carbonyl-C-Atoms in erheblichem Maße von den Substituenten *R* und *X* beeinflußt werden. In vielen Fällen kann die Chemische Verschiebung zumindest qualitativ durch den mesomeren und induktiven Effekt des Substituenten erklärt werden.

In Tab. 38 sind an typischen Beispielen die ^{13}C-chemischen Verschiebungen der geläufigsten Carbonylverbindungen zusammengefaßt. Es läßt sich eine Beeinflussung der ^{13}C-chemischen Verschiebung der Carbonylgruppe sowohl durch den Rest *R* als auch den Rest *X* erkennen.

1. Doppelbindungen im Rest *R*, die konjugiert zur Carbonylgruppe angeordnet sind, verschieben das C=O-Signal um 4—10 ppm nach hohem Feld, gleichgültig ob die Doppelbindung olefinischer Natur oder in ein aromatisches System eingegliedert ist. Diese Hochfeldverschiebung wird durch die Lokalisierung der positiven Ladung am C_4 in diesen Verbindungen und die damit verbundene Erhöhung der Elektronendichte am Carbonylkohlenstoff

Tabelle 38

^{13}C-chemische Verschiebungen von Carbonyl—C-Atomen in gängigen Carbonylverbindungen

R	$R-CO-O^{\ominus}$ [5]	$R-CO-OH$ [120]	$(R-CO)_2O$ [120]	$R-CO-NH_2$ [5]	$R-CO-N(CH_3)_2$ [66]
$-CH_3$	181,7	178,1	167,3	172,7	170,4
$-C_2H_5$	185,1	180,4	170,3	177,2	169,6
$-CH=CH_2$	179,3	171,7	—	168,3	—
$-C_6H_5$	175,5	172,6	162,8	169,7	—

R	$R-CO-OCH_3$ [64]	$R-CO-SC_2H_5$ [65]	$R-CO-CH_3$ [120]	$R-CO-H$ [120]	$R-CO-Cl$ [120]
$-CH_3$	170,7	195,0	206,0	199,7	168,6
$-C_2H_5$	173,3	199,3	207,6	201,9	174,7
$-CH=CH_2$	165,5	—	197,2	192,4	—
$-C_6H_5$	166,8	191,2	197,6	192,0	168,0

gegenüber den unkonjugierten Verbindungen bedingt (vgl. Formel *XXIX*).

XXI

2. Die ¹³C-chemischen Verschiebungen der Carbonyl-C-Atome von Carbonsäuren und ihrer Derivate ($X = O^-$, OH, NR_2, OCH_3, SC_2H_5, Cl) sind relativ zum entsprechenden Keton ($X = CH_3$) ebenfalls nach hohem Feld verschoben. Da diese Gruppen X sämtlich infolge vorhandener freier Elektronenpaare als $+M$-Substituenten wirken, erhöhen sie analog α-, β-ständigen Doppelbindungen die

XXX

Elektronendichte am Carbonyl-C-Atom und bewirken somit die Hochfeldverschiebung im ¹³C-NMR-Spektrum (vgl. Formel *XXX*).

Vergleicht man die ¹³C-chemischen Verschiebungen der in Tab. 38 verzeichneten Carbonylverbindungen, die von links nach rechts eine steigende Polarität der Carbonylgruppe aufweisen, so stellt man keine einfache Parallelität zwischen beiden Größen fest. Dies beweist, daß außer der Polarisierung der Carbonylgruppe noch andere Effekte in komplexer Weise die ¹³C-chemischen Verschiebungen beeinflussen.

Die ¹³C-chemischen Verschiebungen der einzelnen Klassen von Carbonylverbindungen untereinander sind aber hinreichend verschieden, so daß sie zu deren Nachweis von hohem diagnostischen Wert sind.

Aldehyde und Ketone

Aldehyde und Ketone sind im ¹³C-NMR-Spektrum leicht an der Dublettaufspaltung des aldehydischen C-Atoms im „off-resonance"-Spektrum unterscheidbar. Ihre ¹³C-chemischen Verschiebungen sind dagegen von vergleichbarer Größe (für gesättigte Aldehyde und Ketone i. allg. > 200 ppm). Vergleicht man einen Aldehyd mit dem entsprechenden Methylketon (R—CHO → R—$COCH_3$), so wird für letzteres eine Verschiebung von 5 ppm nach tieferem Feld festgestellt.

Tab. 39 enthält die ¹³C-chemischen Verschiebungen einer Reihe typischer Aldehyde und Ketone. Es lassen sich daraus und den Tab. 40, 41 und 42 folgende allgemeine Regeln über die Veränderung der ¹³C-chemischen Verschiebung durch strukturelle Einflüsse erkennen:

1. Mit zunehmender Substitution der α-H-Atome durch α-C-Atome beobachtet man eine kontinuierliche Verschiebung des Carbonylkohlenstoff-Signals nach tieferem Feld (vgl. Tab. 39, Beispiel 1—4 und 9—11). Es ist eine lineare Abhängigkeit der ¹³C-chemischen Verschiebung aliphatischer Ketone von der Zahl der α-C-Atome bekannt [49]. Elektronegative Substituenten in α-Stellung verschieben das Carbonylkohlenstoff-Signal dagegen nach hohem Feld (Tab. 41), da sie der Polarisierung der Carbonylgruppe entgegenwirken.

2. Die schon angesprochene charakteristische Verschiebung des Carbonylkohlenstoff-Signals nach hohem Feld bei Konjugation (vgl. Tab. 39, Beispiele 16, 17) wird bei der Einführung einer weiteren Doppelbindung in α',β'-Stellung (gekreuzt konjugierte Ketone) (vgl. Tab. 39, Beispiele 15, 16) verdoppelt. Dagegen wird durch eine weitere lineare Konjugation (α, β, γ, δ-ungesättigte Ketone) der Einfluß auf den der α,β-Doppelbindung reduziert (vgl. Tab. 39, Beispiele 14, 16, 17) [50].

3. Die ¹³C-chemische Verschiebung des Carbonylkohlenstoffs in p-substituierten Benzaldehyden und Acetophenonen ist vom elektronenschiebenden bzw. ziehenden Einfluß der para-ständigen Substituenten weitgehend unabhängig, da dieser nur zu geringfügigen Veränderungen der Elektronendichte am Carbonylkohlenstoff führt.

4. Außer α,β-Doppelbindungen beeinflussen auch β,γ-Doppelbindungen die ¹³C-chemische Verschiebung des

Tabelle 39

^{13}C-chemische Verschiebung einer Auswahl gesättigter und ungesättigter Aldehyde und Ketone [55, 61]

Nr.	Verbindung	1	2	3	4	5	6	7	8
1	$\overset{1}{C}H_3-\overset{2}{C}O-\overset{3}{C}H_3$	30,7	206,2						
2	$\overset{1}{C}H_3-\overset{2}{C}O-\overset{3}{C}H_2-\overset{4}{C}H_3$	28,9	208,8	36,4	7,4				
3	$\overset{1}{C}H_3-\overset{2}{C}O-\overset{3}{C}H(\overset{4}{C}H_3)_2$	27,1	212,1	41,3	17,8				
4	$\overset{1}{C}H_3-\overset{2}{C}O-\overset{3}{C}(\overset{4}{C}H_3)_2$	24,5	213,9	44,3	26,4				
5	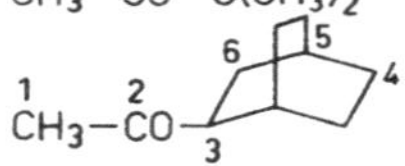	25,5	214,2	44,5	27,5	25,5	24,1		
6	$\overset{1}{C}H_3-\overset{2}{C}O-\overset{3}{C}H_2-\overset{4-7}{C_6H_5}$	29,0	206,0	50,7	134,3	129,3	128,6	126,9	
7	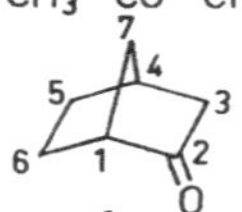	49,3	216,8	44,7	34,8	26,7	23,7	37,1	
8	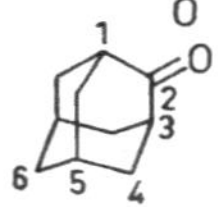	47,1	217,9	—	39,4	27,6	36,4		

9	$\overset{1}{C}H_3\overset{2}{C}HO$	30,9	199,8						
10	$\overset{3}{C}H_3-\overset{1}{C}H_2-\overset{2}{C}HO$	37,3	202,8	6,0					
11	$(\overset{3}{C}H_3)_2\overset{1}{C}H-\overset{2}{C}HO$	41,2	204,7	15,5					
12	$\overset{3-6}{C_6H_5}-\overset{1}{C}H_2-\overset{2}{C}HO$	50,6	199,3	132,0	129,7	129,1	127,5		
13	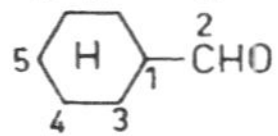	50,1	204,7	26,1	25,2	25,2			
14	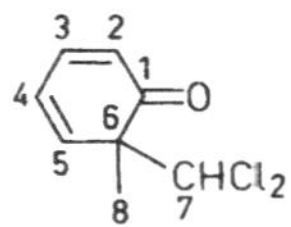	201,4	125,3	141,5	123,3	140,0	57,9	76,8	24,0
15	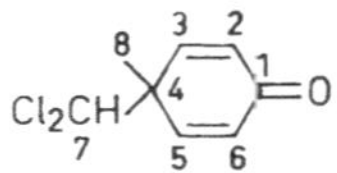	184,4	130,6	148,4	48,1	148,4	130,6	76,6	22,7
16	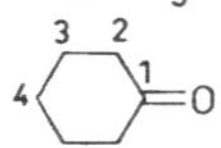	209,7	41,7	26,6	24,6				
17	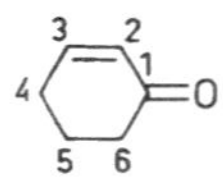	198,5	129,9	150,8	25,7	22,7	38,1		

Carbonylkohlenstoffs. Diese auf Homokonjugation [51] zurückgehenden Wechselwirkungen führen ebenfalls zu einer Hochfeldverschiebung, wobei die Größe der Verschiebung (vgl. Tab. 40) von der räumlichen Orientierung der β,γ-Doppelbindung zur Carbonylgruppe abhängig ist ($-2{,}7$ bis $-11{,}5$ ppm).

Tabelle 40

Abhängigkeit der ^{13}C-Carbonylverschiebung von der räumlichen Orientierung einer β,γ-Doppelbindung [51]

Verbindung		1	2	3	4	5	6	7	8
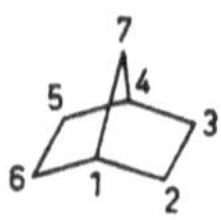	2-oxo	49,7	217,4	45,1	35,3	27,1	24,2	37,6	
	2-oxo-Δ^5	55,8	214,7	37,1	40,0	142,7	130,4	50,8	
	7-oxo	37,8	24,2	24,2	37,8	24,2	24,2	216,8	
	7-oxo-Δ^5	45,3	21,0	21,0	45,3	133,2	133,2	205,3	
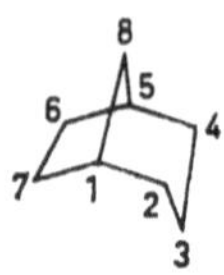	2-oxo	51,2	214,0	34,7	32,1	34,1	28,1	28,0	38,3
	2-oxo-Δ^6	55,9	210,0	34,5	25,2	38,7	137,8	131,7	42,1
	3-oxo-Δ^6	38,3	46,4	210,1	46,4	38,3	135,3	135,3	41,8

5. Substituenten an dem zur Carbonylgruppe β-ständigen C-Atom (s. Tab. 41) beeinflussen ebenfalls die ^{13}C-chemische Verschiebung des Carbonylkohlenstoffs. Die festgestellten Verschiebungen nach hohem Feld mit ansteigender Elektronegativität korrelieren ausgezeichnet mit den σ_I-Werten der Substituenten.

6. Analog zum γ-gauche-Effekt, der nach Formel *XXXI* die Verschiebung der C-Atome im γ-Fragment in Abhängigkeit vom Diederwinkel aufzeigt, werden zur Erklärung

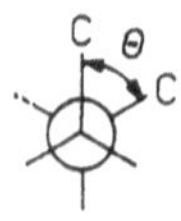

XXXI

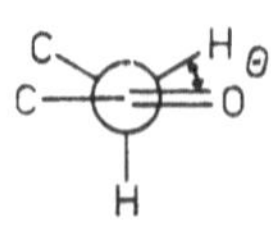

XXXII

Tabelle 41

Abhängigkeit der ^{13}C-Carbonylverschiebung vom Elektronenzug des Substituenten [52, 53]

Verbindungen		Substituent	^{13}C-chemische Verschiebung von C-2		
		X	*I*	*II*	*III*
I	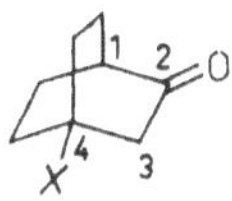	–H	218,4	216,6	216,8
		–CH_3	218,7	–	–
		–NH_2	215,9	–	–
II	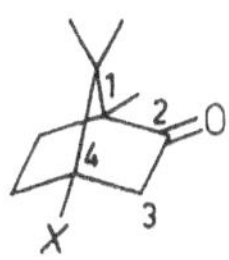	–OH	215,7	215,9	213,3
		–Cl	212,9	212,4	210,4
		–COOH	215,7	–	–
III	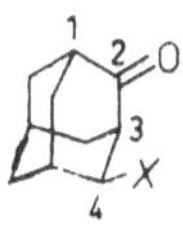	–$CONH_2$	215,8	–	–
		–NO_2	210,0	–	–
		–OCH_3	–	214,7	212,4
		–$OCOCH_3$	–	213,4	211,9

der Abhängigkeit der ^{13}C-Carbonylverschiebung von der Molekülgeometrie der Winkel θ zwischen Carbonylbindung und α-CH-Bindung (Formel *XXXII*) herangezogen [54]. Ist dieser Diederwinkel klein (z. B. im Cyclohexanon mit 2 voll ekliptischen Anordnungen), sind die Wechselwirkungen maximal und die ^{13}C-chemische Verschiebung des Carbonylkohlenstoffs liegt bei hohem Feld (209,7 ppm für Cyclohexanon). Ansteigende Winkel vermindern diese Wechselwirkungen und entschirmen die Carbonyl-C-Atome (Extremfall 219,6 ppm für Cyclopentanon ohne ekliptische Anordnung). Aus der Größe der ^{13}C-chemischen Verschiebung können somit wichtige Hinweise zur Molekülgeometrie entnommen werden (Tab. 42).

7. Intramolekulare und intermolekulare H-Brückenbindungen zur Carbonylgruppe als Protonenacceptor verstärken die Polarisation der Carbonylgruppe und können die ^{13}C-chemische Verschiebung des Carbonylkohlenstoffs

deutlich nach tieferem Feld verlagern. Dies ist besonders beim Vermessen von Carbonylverbindungen in prototropen Lösungsmitteln zu beachten.

Tabelle 42

Abhängigkeit der ^{13}C-Carbonylverschiebung von Diederwinkel θ' zu α-CH-Bindungen [54]

Verbindung	Zahl α-ekliptischer Wechselwirkungen	1	2	3	4	5	6	7	8	9
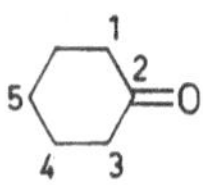	2	41,7	209,7	26,6	24,6					
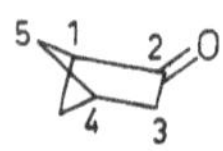	1	56,0	214,0	40,8	35,8	40,9	40,9			
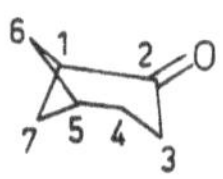	1	57,9	214,3	32,7	21,4	40,4	41,0	25,2		
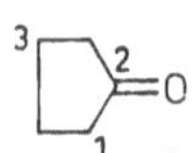	0	37,9	219,6	24,6						
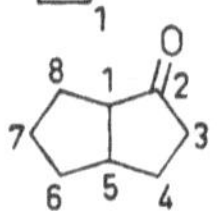	minimal	52,0	223,0	37,9	37,9	26,4	41,0	33,5	26,2	29,0
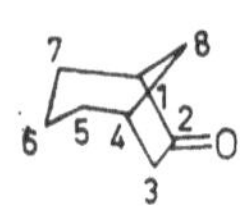	minimal	46,2	221,4	43,5	32,2	30,5	18,9	30,7	37,2	

Derivate von Aldehyden und Ketonen

Von den Derivaten der Aldehyde und Ketone, die zu ihrem chemischen Nachweis verwendet werden, wurden die Oxime mittels ^{13}C-NMR-Spektroskopie am ausführlichsten untersucht [55]. Dabei konnten charakteristische Veränderungen der ^{13}C-chemischen Verschiebungen in den Aldehyden und Ketonen durch Oximbildung festgestellt werden, die insbesondere einen Einblick in die Stereochemie der Oxime (syn- und anti-Form) ermöglichen. Darüber gibt Tab. 43 Auskunft, die für das Carbonylkohlenstoffatom bei der Oximbildung eine Hochfeldverschiebung von ca. 50 ppm, für die α-ständigen C-Atome je nach sterischer Anordnung eine Hochfeldverschiebung unter 20 ppm aufweisen. Besonders interessant sind die unterschiedlichen Verschiebungswerte für das α-C-Atom in Abhängigkeit von seinem Verzweigungsgrad. Gleiche Ergebnisse werden auch für α-, β-ungesättigte Aldehyde berichtet [56].

Tabelle 43

Veränderungen der ^{13}C-chemischen Verschiebungen in Aldehyden und Ketonen bei Oximbildung [55]

Ketoxime 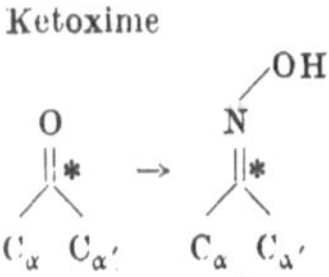	$\Delta\delta_{C*} = -50 \pm 1{,}5$ ppm $\left.\begin{array}{l}\Delta\delta'_{C_{\alpha syn}}\\ \Delta\delta_{C_{\alpha anti}}\end{array}\right\}$ −3,3 bis −19,1 ppm wobei gilt $\delta_{C_{\alpha anti}} > \delta'_{C_{\alpha syn}}$
Aldoxime (C_α oder $C_{\alpha'}$ = H)	$\Delta\delta_{C*}$ = −17 bis −52 ppm $\Delta\delta_{C_{\alpha syn}}$ = −18,8 ppm (ein Subst. an C_α) $\Delta\delta_{C_{\alpha syn}}$ = −16,6 ppm (zwei Subst. an C_α) $\Delta\delta_{C_{\alpha anti}}$ = −14,4 ppm (ein Subst. an C_α) $\Delta\delta_{C_{\alpha anti}}$ = −11,8 ppm (zwei Subst. an C_α)

Aldehyde und Ketone mit α-ständigen H-Atomen bilden durch Reaktion mit sekundären Aminen Enamine. Auch bei der Enaminbildung werden für das Carbonylkohlenstoffatom und die zur Carbonylgruppe α-ständigen C-

Atome charakteristische Veränderungen der ^{13}C-chemischen Verschiebung beobachtet (vgl. Tab. 44). Diese Werte wurden aus den ^{13}C-chemischen Verschiebungen der Aldehyde und Ketone nach [55] (z. T. in Tab. 39) durch Vergleich mit den entsprechenden Enaminen [57, 58] bestimmt. Die Effekte auf $C_{\alpha 1}$ und C_β sind in den vorliegenden Verbindungen wenig einheitlich und es wäre eine größere Substanzzahl erforderlich, um allgemeingültigere Aussagen abzuleiten.

Tabelle 44

Veränderungen der ^{13}C-chemischen Verschiebung von Aldehyden und Ketonen bei Enaminbildung

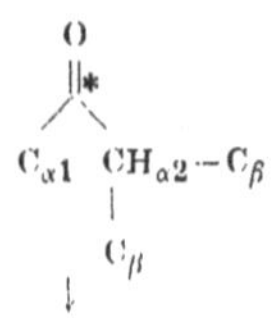	$\Delta\delta_{C^*}$ = −61,2 bis −63,9 ppm (ohne Verzweigung an $C_{\alpha 2}$) = −68,8 bis −71,2 ppm (mit Verzweigung an $C_{\alpha 2}$)
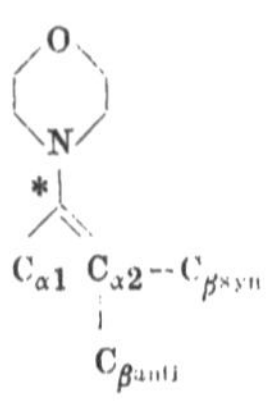	$\Delta\delta_{C_{\alpha 2}}$ = +80,0 bis +82,3 ppm = +56,7 bis +61,1 ppm (für $C_{\beta syn}$ = H oder C_α = $C_{\beta syn}$ = H) = +70,2 ppm (für $C_{\alpha 1}$ = $C_{\beta anti}$ = H)

Chinone

Die ^{13}C-chemischen Verschiebungen der Carbonylkohlenstoffatome im p-Benzochinon sind gegenüber Cyclohexenon infolge Konjugation mit einer weiteren α,β-Doppelbindung um 10 ppm nach höherem Feld verschoben. Um nochmal nahezu den gleichen Betrag nach hohem Feld verschoben sind die Carbonylsignale im o-

Benzochinon. Beiden Signalen kommt deshalb eine hohe Strukturinformation zu (vgl. Formel *XXXIII*).

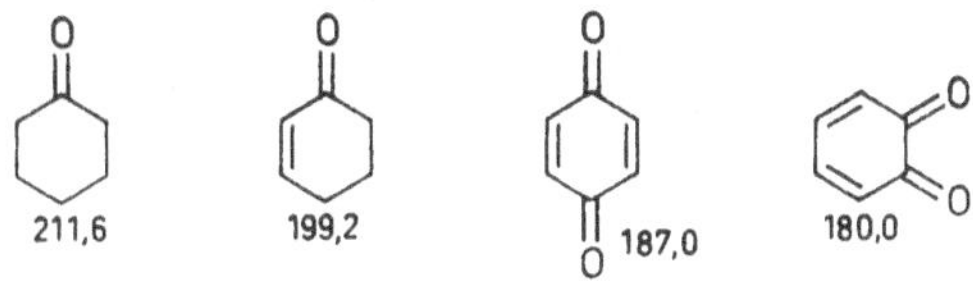

XXXIII

In Tab. 45 sind verschiedene Chinone mit elektronegativen Substituenten in 2-Stellung enthalten. Solche Substituenten wirken infolge ihres induktiven Effektes der Polarisierung der benachbarten Carbonylgruppe entgegen — was zu einer Hochfeldverschiebung des entsprechenden ¹³C-NMR-Signals führt — während sie auf die zweite Carbonylgruppe nur einen geringen Einfluß ausüben.

Tabelle 45

¹³C-chemische Verschiebungen von o- und p-Benzochinonen

Verbindung	Substituent *R*	Nr.	1	2	3	4	5	6	Literatur
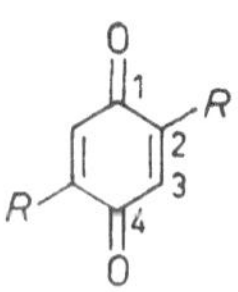	H	1	187,0	136,4					[59]
	OC_2H_5	2	181,6	158,5	105,9				[60]
	$N(C_2H_5)_2$	3	181,5	150,4	101,3				[60]
	Cl	4	176,7	143,8	132,8				[59]
	C_6H_5	5	187,0	145,7	132,6				[59]
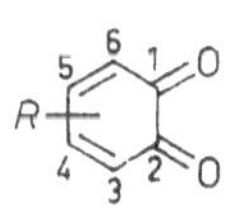	H	6	180,4	180,4	130,8	139,7	130,8		[61]
	4,5-$N(CH_3)_2$	7	178,4	103,8	157,1				[62]
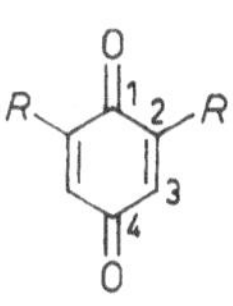	CH_3	8	187,6	145,8	133,8	188,3			[59]
	iso-Pr	9	186,8	155,3	129,8	188,6			[59]
	tert-Bu	10	187,7	157,7	130,1	188,6			[59]
	Cl	11	172,7	143,6	133,9	182,5			[59]

Besonders interessant sind die Chinone 3 und 7 in Tab. 45 mit Dialkylaminogruppen als Substituenten an den o- bzw. p-Benzochinonringen. Solche Verbindungen sind [62] als gekoppelte Trimethincyanine anzusehen und zeichnen sich durch die charakteristische π-Elektronendichtealternierung des Polymethinzustands aus (vgl. Formel *XXXIV*).

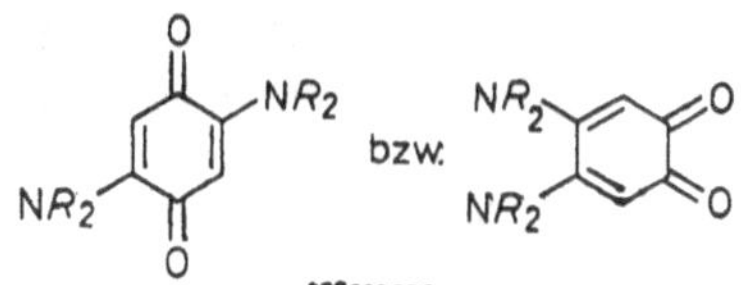

XXXIV

Zu Verbindungen dieses Typs, der neben Polyenen und Aromaten eine dritte Qualität ungesättigter konjugierter Verbindungen verkörpert, gehören neben dem im Chinon eingeschlossenen Merocyaninsystem *XXXV* auch Polymethine *XXXVI* und Oxonole *XXXVII* (für $n = 1, 3, 5$

$$O{=}(CH)_n{-}N(CH_3)_2$$

XXXV

$$X^{\ominus}\overset{\oplus}{N}(CH_3)_2{=}(CH)_n{-}N(CH_3)_2$$

XXXVI

$$O{=}(CH)_n{-}O^{\ominus}\,Y^{\oplus}$$

XXXVII

usw.). Bezüglich der ^{13}C-chemischen Verschiebungen der Vertreter dieser Substanzklassen muß auf die Literatur verwiesen werden [63]. Es sei hier lediglich auf die ausgezeichnete Korrelation der ^{13}C-chemischen Verschiebungen und der quantenchemisch (PPP—SCF) berechneten π-Elektronendichten in diesen Verbindungen hingewiesen.

Carbonsäuren und Carbonsäurederivate

Wie schon in Tab. 38 aufgezeigt, sind die ^{13}C-chemischen Verschiebungen des Carbonylkohlenstoffs der Säuren und ihrer Derivate gegenüber Aldehyden und Ketonen nach höherem Feld verschoben. Von den Carbonsäurederivaten vergleichbarer Strukturen werden Säurechloride und -anhydride bei höchstem Feld registriert, bei tiefstem Feld sind dagegen die Carbonylsignale der Thiolester zu finden.

Tabelle 46

^{13}C-chemische Verschiebungen einer Reihe Ester [64] und Thiolester [65] $R-C(O)-X-R'$

Verbindung		R'	^{13}C-chemische Verschiebung des Carbonyl-C-Atoms
R	X		
$-CH_3$	S(O)	$-CH_3$	195,4 (171,3)
$-CH_3$	S(O)	$-C_2H_5$	195,0 (170,9)
$-CH_3$	S(O)	-iso-Pr	195,0 (170,4)
$-CH_3$	S(O)	-tert-Bu	195,6 (170,4)
$-CH_2Cl$	S(O)	-tert-Bu	193,2 (166,2)
$-CHCl_2$	S(O)	-tert-Bu	191,2 (163,3)
$-CCl_3$	O	-tert-Bu	160,2
$-C_6H_5$	O	-tert-Bu	165,6
$-C_2H_5$	S	-tert-Bu	199,9
-iso-Pr	S	-tert-Bu	200,8
-tert-Bu	O	-tert-Bu	177,8

Im folgenden sollen zunächst einige vergleichende Betrachtungen zur ^{13}C-chemischen Verschiebung der Carbonylkohlenstoffatome in Estern und Thiolestern angestellt werden. Einige charakteristische Beispiele dazu enthält Tab. 46. Es läßt sich erkennen, daß die ^{13}C-chemischen Verschiebungen in den Estern um ca. 15—20 ppm gegenüber den Thiolestern nach höherem Feld verschoben sind. Ursache hierfür sollte infolge der starken Abhängigkeit der ^{13}C-Carbonylverschiebung von der π-Bindungspolarisation der CO-Gruppe die geringere Acceptorwirkung des

Schwefels gegenüber Sauerstoff sein. Besonders hervorgehoben werden soll noch die Hochfeldverschiebung mit ansteigendem Elektronenzug des Substituenten *R* ($CH_3 \rightarrow CH_2Cl \rightarrow CHCl_2 \rightarrow CCl_3$) bzw. die Tieffeldverschiebung mit ansteigendem Verzweigungsgrad des Substituenten *R'*.

In charakteristischer Weise werden auch die ^{13}C-chemischen Verschiebungen der C-Atome der Alkohol- bzw. Mercaptankomponente bei der Esterbildung beeinflußt. Für Alkohole und Mercaptane sind durch Vergleich ihrer ^{13}C-chemischen Verschiebungen mit denen ihrer Ester und Thiolester „Veresterungsshifts“ abgeleitet worden, die sich vorzüglich zur Zuordnung der ^{13}C-Signale eignen.

$R{-}C(O){-}S{-}C_\alpha{-}C_\beta$	C_α	+4,2 bis +7,8 ppm (in Abhängigkeit vom Verzweigungsgrad und Elektronenzug des Substituenten *R*)
	C_β	−4,1 bis −5,3 ppm
$R{-}C(O){-}O{-}CH_2{-}CH_3$	CH_2	+2,4 bis +7,7 ppm
	CH_3	−3,9 bis −4,5 ppm
$R{-}C(O){-}O{-}$tert. Bu	C_α	+10,4 bis +17,7 ppm
	C_β	−3,1 bis −3,9 ppm

Während die Veresterungsshifts auf C_α besonders mit ansteigendem Verzweigungsgrad doch ziemlich variieren, sind die β-Veresterungsshifts hiervon im wesentlichen unabhängig und als Zuordnungskriterien vorzüglich geeignet.

Es existiert außerdem eine lineare Abhängigkeit der C_α-^{13}C-chemischen Verschiebung der Ester und Thiolester vom pK_a-Wert der Säuren, von denen sie sich herleiten.

Im Resonanzbereich der Sauerstoffester liegen auch die ^{13}C-chemischen Verschiebungen der Carbonyl-C-Atome der Säureamide (i. allg. 165—180 ppm), die allerdings bei gleicher Ausgangssäure infolge höherer Elektronendonorfähigkeit des Stickstoffs in den Säureamiden etwas nach höherem Feld verschoben sind (vgl. Tab. 38). In Abhängigkeit von der syn/anti-Stellung der N-Alkylgruppen zum Carbonylsauerstoff ist eine auf sterische Wechselwirkungen zurückführbare Differenzierung der ^{13}C-chemischen Verschiebungen der α-C-Atome zu erkennen, während die Unterschiede in C_β schon zu gering sind, um allgemeingültige Aussagen zu gestatten. Im allgemeinen liegt in N,N-Dialkylamiden gesättigter Carbonsäuren das syn-ständige α-C-Atom bei höherem Feld als das α-anti-ständige C-Atom (vgl. Tab. 47).

Tabelle 47

^{13}C-chemische Verschiebungen von N,N-Dialkyl-amiden gesättigter Carbonsäuren in Abhängigkeit vom pK_a-Wert der Ausgangscarbonsäure $R'-C(O)-N(C_2H_5)_2$ [66]

R'	^{13}C-chemische Verschiebungen					
	C=O	$N-CH_2$ (syn)	$-CH_3$ (syn)	$N-CH_2$ (anti)	$-CH_3$ (anti)	pK_a
$-H$	162,2	36,7	12,8	41,9	14,9	3,75
$-CH_3$	169,6	40,0	13,1	42,9	14,2	4,75
$-C_2H_5$	–	40,1	13,2	41,9	14,4	4,87
$-C_3H_7$	172,2	40,1	13,2	42,0	14,4	4,81

3.1.3.6.2. *Thiocarbonylgruppen*

Vergleicht man die ^{13}C-chemische Verschiebung von Carbonylkohlenstoffatomen mit denen ihrer Thiocarbonylanalogen, so ist für letztere eine ausgeprägte Verschiebung nach tieferem Feld zu beobachten. Innerhalb bestimmter Verbindungsklassen läßt sich entsprechend der linearen Beziehung [67]

$$\delta_{C=S} = 1{,}45 \cdot \delta_{C=O} - 46{,}5 \text{ ppm} \qquad (30)$$

die ^{13}C-chemische Verschiebung der Thiocarbonylgruppe aus der analoger Carbonylgruppen vorhersagen. Es ist zu bemerken, daß andere Autoren die Allgemeingültigkeit dieser Beziehung angezweifelt haben [68]. In Tab. 48 sind einige Thiocarbonylverbindungen bezüglich ihrer ^{13}C-chemischen Verschiebung mit ihren Carbonylanaloga ver-

Tabelle 48

^{13}C-chemische Verschiebungen von Thiocarbonylgruppen-C-Atomen im Vergleich zu entsprechenden Carbonylgruppen-C-Atomen

Verbindung		X = C	X = S	Verbindung	X = C	X = S
I [67]	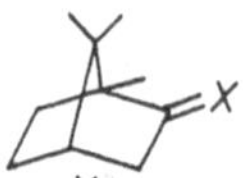	215,6	269,0	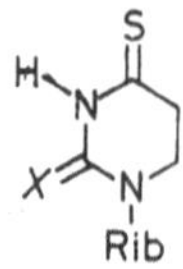	144,3	174,0
	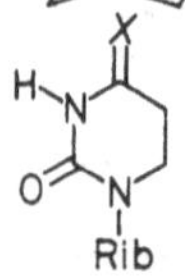	164,9	191,3	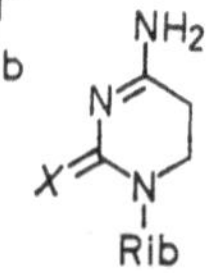	157,1	181,1

II [67] $RR'C = X$

Verbindung	X = C	X = S	Verbindung	X = C	X = S
$R = R' =$ p-$OCH_3-C_6H_4$	194,2	233,3	$R = CH_3$, $R' = NHC_6H_5$	169,5	200,4
$R = R' = N(CH_3)_2$	165,7	194,0	R = Cl, $R' = N(CH_3)_2$	149,5	175,1
$R = R' = NHCH_3$	160,5	182,7	R = H, $R' = N(CH_3)_2$	162,4	188,1
$R' = NH_2$, $R = CH_3$	172,7	207,2			

III [69]

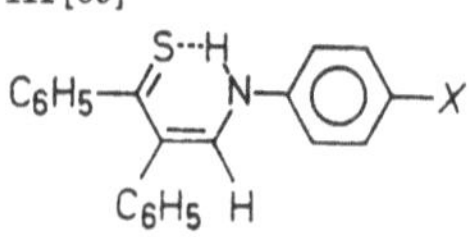

Substituent X	$\delta_{C=S}$	σ_p
$-N(CH_3)_2$	205,7	−0,83
$-NH_2$	207,4	−0,66
$-OCH_3$	209,9	−0,27
$-CH_3$	211,0	−0,17
−H	212,5	0,0
−Cl	213,8	0,23

IV [68]

	X = 0	X = S
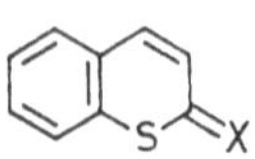	185,4	209,0
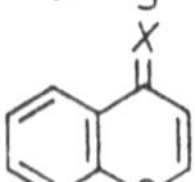	177,6	202,8

glichen. Die hohen Werte der Chemischen Verschiebung erlauben eine i. allg. unproblematische Zuordnung der Thiocarbonylsignale im ^{13}C-NMR-Spektrum. Das Beispiel der Enaminothioketone (Tab. 48) zeigt die äußerst empfindliche Reaktion der ^{13}C=S-chemischen Verschiebung auf den *M*-Effekt der Substituenten *R* im aromatischen Kern durch eine strikte lineare Abhängigkeit von den HAMMETTschen σ_p-Werten der Substituenten.

3.1.3.6.3. Nitrile und Isonitrile

Die chemischen Verschiebungen der C-Atome in Nitrilen und Isonitrilen (vgl. Tab. 49) sind gleichfalls durch charakteristische Erwartungsbereiche gekennzeichnet:

$R{-}C{\equiv}N$ 115–127 ppm $\quad R{-}\overset{+}{N}{\equiv}\overset{-}{C}$ 156–166 ppm

Wie die Beispiele der Tab. 49 zeigen werden für die Nitrilgruppe folgende der Carbonylgruppe analoge charakteristische Substituenteneffekte auf die ^{13}C-chemischen Verschiebungen beobachtet:

- zunehmende Verschiebung der Signale nach tiefem Feld mit steigender Verzweigung der Kohlenstoffkette am α-C-Atom
- zunehmende Verschiebung nach hohem Feld durch elektronegative Substituenten am α-C-Atom
- Verschiebung nach hohem Feld durch Konjugation mit einer olefinischen oder aromatischen Doppelbindung
- keine Korrelierbarkeit der Veränderung der ^{13}C-chemischen Verschiebung in p-substituierten Benzonitrilen mit den σ_p-Werten

Da erst relativ wenige Isonitrile mit Hilfe der ^{13}C-NMR-Spektroskopie untersucht worden sind, lassen sich für diese Substanzklasse noch keine allgemeinen Aussagen treffen. Es fällt allerdings auf, daß durch Konjugation mit einer olefinischen oder aromatischen Doppelbindung im Gegensatz zu den Nitrilen eine charakteristische Verschiebung nach tiefem Feld beobachtet wird.

Tabelle 49
¹³C-chemische Verschiebungen von Nitrilen und Isonitrilen

Verbindung	$-C\equiv N$	α	β	γ	δ	Literatur
CH_3-CN	117,7	1,3				[5]
C_2H_5-CN	120,8	10,6	10,8			[5]
$(CH_3)_2CH-CN$	123,7	22,4	27,4			[5]
$(CH_3)_3C-CN$	125,1	28,3	36,5			[5]
CH_2Cl-CN	115,7	25,8				[70]
CCl_3-CN	113,6	69,8				[70]
$CH_2=CH-CN$	117,2	107,8	137,5			[5]
C_6H_5-CN	118,7	112,5	132,0	129,2	132,8	[5]
p-F	114,2	105,0	131,8	113,2	118,4	[71]
p-Cl	114,5	107,5	130,9	126,8	141,3	[71]
$p-NH_2$	114,7	91,3	127,8	107,6	146,9	[71]
$p-NO_2$	112,2	116,6	123,1	134,8	150,3	[71]
$p-N(CH_3)_2$	117,3	93,0	130,4	108,1	150,6	[71]
$CH_3-\overset{\oplus}{N}\equiv C^{\ominus}$	158,2	26,8				[5]
$C_2H_5-\overset{\oplus}{N}\equiv C^{\ominus}$	156,8	36,4	15,3			[5]
$CH_2=CH-\overset{\oplus}{N}\equiv C^{\ominus}$	165,7	119,4	120,6			[5]
$C_6H_5-\overset{\oplus}{N}\equiv C^{\ominus}$	165,7	126,7	126,3	129.9	129,4	[5]

3.1.3.6.4. *Cyanate* ($R-O-C\equiv N$), *Isocyanate* ($R-N=C=O$), *Thiocyanate* ($R-S-C\equiv N$) *und Isothiocyanate* ($R-N=C=S$)

Die ¹³C-Resonanzsignale dieser funktionellen Gruppen finden sich ähnlich den Nitril-C-Atomen im Bereich von 109—132 ppm (Tab. 50). Zu ihrer Unterscheidung sind folgende Punkte von Wichtigkeit:

1. Die ¹³C-Signale von Thiocarbonyl-C-Atomen (in Isothiocyanaten) sind gegenüber ihren Carbonylanaloga (in Isocyanaten) um 6—10 ppm nach tieferem Feld verschoben.

2. Da jeweils die unmittelbar an den Rest *R* gebundenen Atome die ¹³C-chemische Verschiebung des C-Atoms in charakteristischer Weise beeinflussen, ergeben sich für

Tabelle 50

^{13}C-chemische Verschiebungen von Cyanaten, Isocyanaten, Thiocyanaten und Isothiocyanaten

Verbindung	C-Atom der funktionellen Gruppe	C-Atom				Literatur
		α	β	γ	δ	
$C_6H_5-O-C\equiv N$	109,2	153,5	115,8	131,2	127,5	[72]
$p-CH_3$	109,5	151,8	115,5	131,5	137,4	[72]
$p-Cl$	109,2	152,3	117,8	131,3	132,9	[72]
$p-OCH_3$	109,9	147,5	116,8	116,0	158,8	[72]
$p-NO_2$	107,9	156,9	117,1	126,9	146,5	[72]
$C_6H_5-S-C\equiv N$	111,9	124,8	131,0	130,7	130,7	[72]
$CH_3-CH_2-S-C\equiv N$	111,8	28,7	15,4			[5]
$C_6H_5-Se-C\equiv N$	103,3	123,2	133,6	131,4	130,6	[72]
$C_6H_5-N(CH_3)-C\equiv N$	114,5	141,4	115,3	130,3	123,7 (37,3)	[72]
$CH_3-N=C=O$	121,5	26,3				[5]
$C_3H_7-N=C=O$	125,0	43,3	34,2	20,4	13,3	
$C_6H_{11}-N=C=O$	132,2 123,5	—				[73]
$C_6H_5-N=C=O$	129,5	—				[73]
$CH_3-N=C=S$	128,7	29,3				[5]
$C_3H_7-N=C=S$	131,0	45,0	32,3	20,0	13,3	[5]
$C_6H_{11}-N=C=S$	132,2	—				[73]

Cyanate, Isocyanate, Thiocyanate und Isothiocyanate unterschiedliche α-Substituenteneffekte, die sich zu ihrer Unterscheidung verwenden lassen.

z. B. $CH_3-\underline{CH_2}-S-C\equiv N$ $\delta_{CH_2} = 28{,}7$ ppm
$CH_3-CH_2-\underline{CH_2}-N=C=S$ $\delta_{CH_2} = 45{,}0$ ppm

oder $C_6H_5-O-C\equiv N$ $\delta_{quart} = 153{,}5$ ppm
$C_6H_5-S-C\equiv N$ $\delta_{quart} = 124{,}8$ ppm

Die Substanzbreite ist für allgemeinere Aussagen zu gering.

3.1.3.7. Carboniumionen

^{13}C-NMR-Untersuchungen können nicht nur zum Nachweis bestimmter Substanzklassen (Alkane, Alkene, Alkine, Aromaten) und funktioneller Gruppen dienen, sondern sie besitzen auch zum Nachweis der bei chemischen Reaktionen entstehenden Zwischenstoffe große Bedeutung. In den letzten Jahren sind insbesondere Carboniumionen mit Hilfe der ^{13}C-NMR-Spektroskopie intensiv untersucht worden.

Einen Überblick über die ^{13}C-chemischen Verschiebungen einiger Carboniumionen, die im allgemeinen zur Stabilisierung bei tiefen Temperaturen in superaciden Lösungsmitteln (SO_2ClF/SbF_5 oder FSO_3H/SbF_5 (magische Säure)) vermessen werden, gibt Tab. 51. Es läßt sich erkennen, daß die ^{13}C-chemische Verschiebung eines kationischen Kohlenstoffs einerseits bei sehr tiefem Feld zu finden sind — in Carboniumionen werden die höchsten δ-Werte der ^{13}C-chemischen Verschiebung überhaupt gefunden —, daß zum anderen aber ein relativ breiter Erwartungsbereich auftritt. Einfache Alkyl-Carboniumionen zeigen dabei die höchsten δ-Werte der Chemischen Verschiebung. In aromatischen Carboniumionen und Hydroxycarboniumionen sind diese etwas erniedrigt. In σ-delokalisierten Carboniumionen erreichen sie ihre geringsten Werte. Es kommt darin die in dieser Reihenfolge zunehmende Delokalisierung der positiven Ladung zum Ausdruck. Die charakteristischen Chemischen Verschie-

Tabelle 51

^{13}C-chemische Verschiebungen an den positiven Zentren ausgewählter Carbonium-Ionen [75]

Substanz	δ-Wert [ppm]	Temperatur (°C)	Lösungsmittel
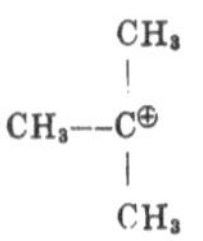	330	−20°	SO_2ClF/SbF_5
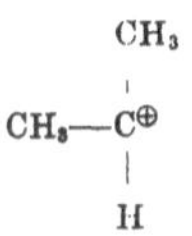	319	−20°	SO_2ClF/SbF_5
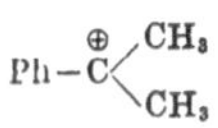	256	−60°	SO_2/SbF_5
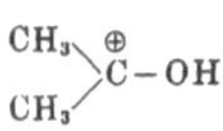	250	−50°	$SO_2/FSO_3H/SbF_5$
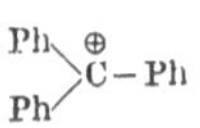	213	−60°	SO_2/SbF_5
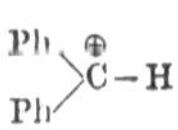	200	−60°	SO_2/SbF_5
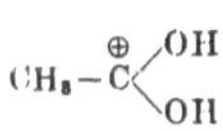	196	−30°	$SO_2/FSO_3H/SbF_5$

bungen bei extrem tiefem Feld können zum Nachweis von Carboniumionen dienen, wobei sich gleichzeitig Rückschlüsse auf die zum Zentrum der positiven Ladung benachbarten Gruppen ergeben.

Besonders zur Strukturermittlung äquilibrierender Carboniumionen sowie von Carboniumionen, in denen eine

σ-Elektronendelokalisierung vorliegt, haben die ^{13}C-NMR-Spektren wertvolle Beiträge geliefert. Dies soll an 2 Beispielen erläutert werden.

Für das Isopropyl-dimethyl-carbonium-Ion *XXXVIII* sollte man entsprechend dem Vorhandensein von 4 nichtäquivalenten C-Atomen 4 Signale im ^{13}C-NMR-Spektrum erwarten, wobei die Chemische Verschiebung des die

XXXVIII

positive Ladung tragenden C-Atoms wie etwa im tert. Butylkation (Tab. 51) bei ca. 330 ppm zu finden sein sollte. Tatsächlich werden für diese Verbindung nur 2 Signale gefunden mit einem δ-Wert für die mittleren C-Atome von 198 ppm. Eine zwanglose Erklärung dafür ergibt sich bei der Annahme eines schnellen Gleichgewichtes (vgl. Kap 3.4.), wie es in Formel *XXXVIII* formuliert ist. Die Chemische Verschiebung der mittleren C-Atome ergibt sich dann als Mittel der Erwartungswerte für ein kationisches C-Atom (ca. 330 ppm) und eines tertiären C-Atoms in Nachbarstellung zu einem kationischen Zentrum (ca. 60 ppm) zu 1/2 (330 + 60) = 195 ppm, was in guter Übereinstimmung mit dem Experiment steht.

Die Struktur des Cyclopropylmethylkations *XXXIX* war lange Zeit umstritten. Die gemessenen ^{13}C-chemi-

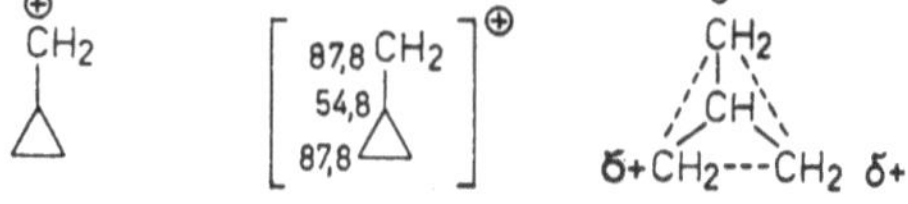

XXXIX

schen Verschiebungen zeigen die Äquivalenz von 3 C-Atomen an und können mit einer Lokalisierung der positiven Ladung an einem C-Atom nicht erklärt werden. Auch eine Abschätzung der zu erwartenden ^{13}C-chemischen Verschiebungen für eine schnelle Äquilibrierung zwischen 3 entarteten Strukturen der Formel *XXXIX* führt zu keiner befriedigenden Deutung. Dagegen lassen sich die beobachteten Werte der Chemischen Verschiebung zwanglos bei einer Formulierung dieser Verbindung als „nicht-klassisches“ Carboniumion erklären, in der von den partiell positiv geladenen C-Atomen jeweils 3 normale σ-Bindungen und eine Zweielektronen-Dreizentren-Bindung ausgehen.

3.1.4. Lösungsmittelabhängigkeit der ^{13}C-chemischen Verschiebung

Die Abhängigkeit der Chemischen Verschiebung von Lösungsmittel ist für die ^{13}C-Kerne gegenüber den ^{1}H-Kernen infolge des wesentlich erweiterten Resonanzbereiches und der Einbettung in das Molekül (relativ zu den peripheren Protonen) meist nur von untergeordneter Bedeutung. Lösungsmittel gewinnen nur in solchen Fällen deutlichen Einfluß, wenn infolge Protonierung (vgl. N-Heterocyclen, Kap. 3.1.3.5.) oder starken H-Brückenbindungen zu funktionellen Gruppen (vgl. Carbonylgruppen, Kap. 3.1.3.6.1.) markante Änderungen des elektronischen Grundzustands des organischen Moleküls entstehen. In solchen Fällen können insbesondere in Säuren beachtliche Veränderungen der ^{13}C-chemischen Verschiebung auch in Abhängigkeit von der Konzentration des Substrates beobachtet werden. Für C-Atome ohne derartige funktionelle Gruppen sind Chemische Verschiebungsänderungen bei Lösungsmittelvariation i. allg. gering.

Die ^{13}C-chemischen Verschiebungen der zur ^{13}C-NMR-Spektroskopie eingesetzten gängigen organischen Lösungsmittel enthält Tab. 52. Da für kommerzielle Spektrometer u. a. Deuterium zur internen Feld/Frequenz-Stabilisierung verwendet wird, sind auch die ^{13}C-chemischen Verschiebungen der vollständig deuterierten Lösungsmittel mit der dann beobachteten Multiplettaufspaltung angegeben, die von denen ihrer protonierten Analoga etwas abweichen.

Tabelle 52

^{13}C-chemische Verschiebungen gängiger organischer Lösungsmittel (relativ zum internen TMS)

Lösungsmittel	^{13}C-chemische Verschiebung	deuteriert	Literatur
Chloroform	77,2	76,9 (Triplett)	[76]
Benzol	128,5	128,0 (Triplett)	[76]
Bromoform	10,2	10,2 (Triplett)	[5]
Cyclohexan	27,5	26,1 (Qintett)	[76]
Aceton	30,4 (205,4)	29,2 (Septett) (205,7)	[76]
Dimethylsulfoxid	40,5	39,6 (Septett)	[76]
Methylenchlorid	54,0	53,6 (Quintett)	[76]
Acetonitril	117,8 und 1,6	117,8 u. 1,2 (Septett)	[5]
Dioxan	67,4	–	[76]
Methanol	49,9	49,0 (Septett)	[5]
Pyridin	150,3; 135,9; 123,9	149,8; 135,3; 123,4 (jeweils Tripletts)	[5]
Tetrachlorkohlenstoff	96,1	–	[5]
Schwefelkohlenstoff	192,8	–	[76]
Schwefelkohlenstoff (extern in Kapillare)	193,7	–	[76]
Trifluoressigsäure	163,8 (Quartett) 115,7 (Quartett)	–	[5]

3.2. *Kopplungen unter Einbeziehung von ^{13}C-Kernen*

Neben der ^{13}C-chemischen Verschiebung enthalten auch Kopplungskonstanten unter Einbeziehung von ^{13}C-Kernen Informationen, die dem Organiker bei der Strukturaufklärung organischer Verbindungen dienlich sein können. Bedeutung hierfür besitzen die Kopplungen zu Protonen (vgl. Kap. 3., S. 48 u. 49), in Verbindungen mit Heteroatomen sind auch Kopplungen zu ^{19}F, ^{31}P und ^{15}N gemessen und zu Strukturaussagen angewendet worden. Die Kopplungen der ^{13}C-Kerne untereinander verschwinden, wie bereits erwähnt, infolge der geringen natürlichen

Häufigkeit des ^{13}C-Isotops im Rauschen, können aber durch extrem lange Akkumulationszeiten bestimmt werden. Zum Informationsgehalt von ^{13}C-^{13}C-Kopplungskonstanten muß auf entsprechende Literatur [77, 80] verwiesen werden.

3.2.1. *Direkte ^{13}C—H-Kopplungskonstanten* — $^1J_{C,H}$

Nach theoretischen Betrachtungen [78] ist die $^1J_{C,H}$ über Gl. (31)

$$J_{NK} = h \cdot \frac{4}{g} \cdot \frac{e^2h^2}{m^2c^2} \cdot \gamma_N \cdot \gamma_K \cdot S_K{}^2(O) \times S_N{}^2(O) \cdot \frac{1}{\Delta E} \cdot P^2_{SN\,SK} \quad (31)$$

im wesentlichen von der *Hybridisierung* der Orbitale abhängig, die die Bindung bilden (ausgedrückt durch die Ladungs-Bindungsordnungsmatrix $p^2_{SN\;SK}$) und somit von der Hybridisierung des beteiligten C-Atoms. Eine zweite Größe, die in hohem Maße die Direktkopplungskonstante bestimmt, ist die *Bindungspolarität* (d. h. die Verteilung der Bindungselektronen gekennzeichnet durch die C_{2s} und H_{1s} Orbitaldichten $s_C{}^2(O)$ bzw. $s_H{}^2(O)$). Auch hierfür ist eine lineare Abhängigkeit zu erwarten. Wie die Werte der Tab. 53 zeigen, werden diese theoretischen Vorhersagen am Experiment bestätigt, indem die ^{13}C—H-Kopplungskonstante, die Werte zwischen 120 und 300 Hz an-

Tabelle 53

^{13}C—H-Kopplungskonstanten in Abhängigkeit von der Hybridisierung und der Bindungspolarität beteiligter Atome [79]

Verbindungsklasse	Hybridisierung des C-Atoms					
	sp^3		sp^2		sp	
Kohlenwasserstoffe	CH_3-CH_3	124,9	$CH_2=CH_2$	156,2	$CH\equiv CH$	249,0
N-Derivate	CH_3-NH_2	133,0	$CH_2=NH$	175,0	$CH\equiv N$	269,0
O-Derivate	CH_3-OH	141,0	$CH_2=O$	172,0	—	

nehmen kann, mit ansteigendem *s*-Charakter des beteiligten C-Atoms und ansteigender C—H-Bindungspolarität (hervorgerufen durch benachbarte elektronegative Heteroatome) zunimmt.

Neben dieser deutlichen Klassifizierung der Kohlenstoffatome nach ihrer Hybridisierung (die aber schon die leichter bestimmbare Chemische Verschiebung entscheidet) ist diese Abhängigkeit der $^1J_{C,H}$ vom *s*-Charakter des beteiligten C-Atoms für Aussagen zur sterischen Spannung polycyclischer Kohlenwasserstoffe von aussagekräftiger Bedeutung. Hierfür wird folgende lineare Abhängigkeit angegeben [81]:

$$\% s = \frac{^1J_{C,H}}{5}. \tag{32}$$

Mit Hilfe dieser Gleichung wurden aus der $^1J_{C,H}$-Kopplungskonstanten der Brücken-C-Atome von Bi- und Polycyclen unterschiedlicher sterischer Spannung der *s*-Charakter dieser C-Atome errechnet [82]. Die Werte, die in Tab. 54 zusammengestellt sind, verdeutlichen, daß in der Reihe 1→5 zunehmende Brückenkopf-Skelettwinkel abnehmenden p-Charakter der endocyclischen Hybridorbitale und entsprechend ansteigenden *s*-Charakter der exocyclischen Hybridorbitale nach sich ziehen. Die Werte der Direktkopplungskonstante reproduzieren diese Veränderungen ausgeprägt und machen sie somit zu ausgezeichneten Indikatoren diesbezüglicher Effekte.

Als weiteres Beispiel für die Aussagekraft von $^1J_{C,H}$-Kopplungskonstanten soll ihre Verwendbarkeit zur Vorhersage des Tautomerieverhaltens von Azolderivaten diskutiert werden. So zeigt ein Vergleich von Grundkörper und seinem N-Methyl-Derivat, daß die Direkt-Kopplungskonstanten identisch sind. Aus diesem Grunde gelang es [83] die vorliegenden Vorzugstautomeren, die aus Parallelitätsbetrachtungen von N-Protonierung und N-Alkylierung (vgl. Kap. 3.1.3.5.) nicht eindeutig bestimmbar sind, zweifelsfrei zuzuordnen.

Tabelle 54

Direkte $^{13}C-H$-Kopplungskonstanten der Brücken-C-Atome von Polycyclen unterschiedlicher sterischer Spannung [82]

Verbindung		$^1J_{C-1,H}$	% s-Charakter	$^1J_{C,H}$ andere C-Atome		% s-Charakter
1	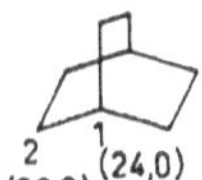	134,3	26,9	C-2	125,7	25,9
2	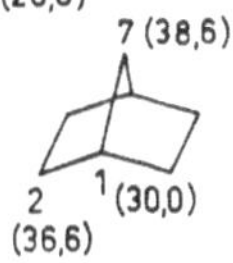	140,1	28,0	C-2	130,3	26,3
				C-7	131,3	
3	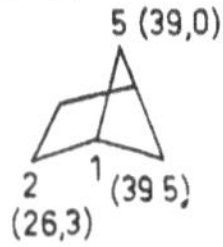	150,5	30,1	C-2	132,5	26,5
				C-5	135,1	27,0
4	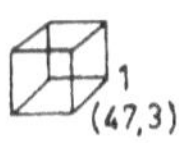	153,8	30,8			
5	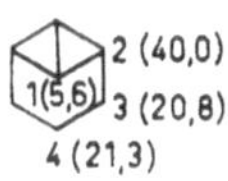	200,3	40,0	C-2	154,2	30,8
				C-3	126,2	25,4
				C-4	126,2	25,4

3.2.2. $^{13}C-H$-Kopplungskonstanten über zwei Bindungen — $^2J_{C,H}$

Die $^{13}C-H$-Kopplungen über zwei Bindungen (geminale Kopplungen) können von wechselnden Vorzeichen sein, so daß bei kleineren Werten aus Betragsänderungen nur bei bekanntem Vorzeichen auf die Richtung geschlossen werden kann. Sie sind wie die Direktkopplungskonstanten von der *Hybridisierung* der beteiligten C-Atome abhängig. Nach Tab. 55 sind sie für sp^3- und

Tabelle 55

$^{13}C-H$-Kopplungskonstanten über zwei Bindungen- $^{2}J_{C,H}$

	Verbindung		$^{2}J_{C,H}$	Literatur
1	$\overset{*}{C}H_3-CH_3$		$-4,5$	[73]
2	$\overset{*}{C}H_2Cl-CH_2Cl$		$-3,4$	[73]
3	$\overset{*}{C}HCl_2-CHCl_2$		$+1,2$	[73]
4	$\overset{*}{C}H_2=CH_2$		$-2,4$	[73]
5	$\overset{*}{C}H_2=CHCl$		$+6,9$	[73]
6	CH=CH (Cl, Cl)		$+16,0$	[73]
7	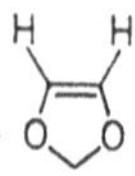		$+20,0$	[85]
8	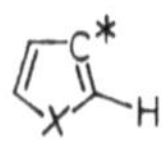	X = NH, O, S, Se	7,0–7,6	[86]
	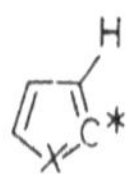	X = NH, O, S, Se	4,5–14,0	[86]
9	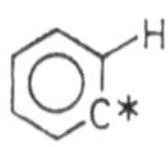		$+1,0$	[86]
10	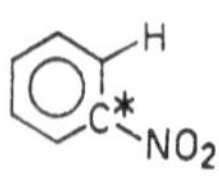		$-3,4$	[86]
11	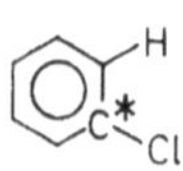		$-3,5$	[86]
12	$\overset{*}{C}H_3-CHO$		$+26,7$	[87]
13	$CH_2=\overset{*}{C}H-CHO$		$+26,9$	[87]
14	$\overset{*}{C}H_2Cl-CHO$		$+32,5$	[87]
15	$\overset{*}{C}HCl_2-CHO$		$+35,3$	[87]
16	$\overset{*}{C}Cl_3-CHO$		$+46,3$	[87]
17	$C\ldots\overset{*}{C}\equiv CH$		$+48-52$ Hz	[88]

sp^2-hybridisierte C-Atome (−5 bis +16 Hz) kleiner als für sp-hybridisierte C-Atome (+49 bis +52 Hz). Darüber hinaus wird ihre Größe stark vou der *Elektronegativität* am Kopplungsfragment angelagerter Substituenten kontrolliert. Mit ansteigender Elektronegativität der Substituenten am C-1 (vgl. Formel *XL*) registriert man

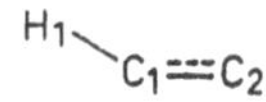

XL

größer werdende $^2J_{C,H}$-Kopplungskonstanten (vgl. Tab. 55, Beispiel 1—3 und 4 mit 5). Ist die Konfiguration der Substituenten festgelegt (Olefine oder Aromaten), so steigern Substituenten an C-2 trans-ständig zu H-1 gleichfalls die $^2J_{C,H}$ mit ansteigender Elektronegativität (vgl. 6 und 7), cis-ständig führen sie dagegen zu abnehmenden Werten dieser geminalen Kopplungskonstante (vgl. 9 mit 10 und 11) [84].

Für geminale Kopplungen unter Einbeziehung von Formylprotonen, in denen C-1 das stark polarisierte Carbonyl-C-Atom ist, werden besonders große geminale Kopplungskonstanten $^2J_{C,H}$ (vgl. Tab. 55, 12—16) beobachtet, wobei α,β-Unsättigung (vgl. 13) von untergeordneter Bedeutung ist, die Einführung elektronegativer Substituenten an C-2 die $^2J_{C,H}$ jedoch in bekannter Weise steigert.

Die größeren geminalen Kopplungskonstanten $^2J_{C,H}$ (Formyl und Acetylene) sind oft schon im „off-resonance"-Spektrum sichtbar und somit von diagnostischer Bedeutung.

In geminalen Kopplungsfragmenten (analog Formel *XL*), in denen C-2 sp^2-hybridisiert oder Teil eines 5- oder 6-Ringes ist, steht die beobachtete $^2J_{C,H}$ mit den entsprechenden Protonenanaloga $>C<^{H}_{H}$ $^2J_{H,H}$ in einem linearen Zusammenhang:

$$^2J_{C,H} = 0{,}578 \cdot {}^2J_{H,H} + 2{,}863. \qquad (33)$$

Diese Tatsache läßt auf einen ähnlichen Kopplungsmechanismus schließen und gestattet bei konformationsanalytischen Untersuchungen die wechselseitige Bestimmung beider Kopplungskonstanten bzw. ihres Vorzeichens [89].

3.2.3. ^{13}C—H-Kopplungskonstanten über drei Bindungen — $^3J_{C,H}$

Vicinale Kopplungskonstanten $^3J_{C,H}$ im gesättigten Bindungsfragment *XLI* sind analog den vicinalen Protonenkopplungskonstanten $^3J_{H,H}$ vom Diederwinkel θ ab-

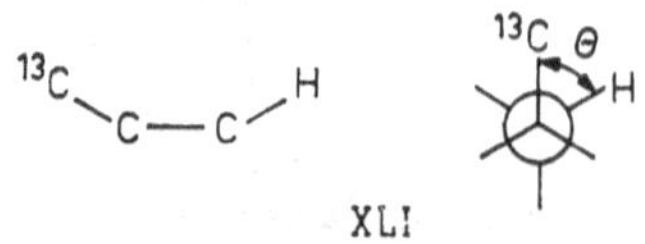

XLI

hängig. Während für Diederwinkel um 90° sehr kleine Werte (i. allg. < 1 Hz) beobachtet werden, steigen diese mit kleiner und auch größer werdendem Diederwinkel θ an. In Abb. 21 sind neben der berechneten theoretischen Kurve, die nach einem INDO-MO-Verfahren erhalten wurde [90], einzelne experimentelle Werte eingetragen, die in Übereinstimmung von Theorie und Experiment die KARPLUS-Abhängigkeit der vicinalen Kopplungskonstante unter Einbeziehung eines C-Atoms $^3J_{C,H}$ aufzeigen. Da aber, wie bereits erwähnt, ^{13}C-NMR-Parameter empfindlicher auf Elektronegativitäts- und Hybridisierungsveränderungen reagieren als ^1H-NMR-Parameter, ist eine erfolgreiche Anwendung dieser Beziehung auf analoge Strukturelemente beschränkt. So finden z. B. Schwarcz u. Mitarb. [93] für $\theta = 60°$ $^3J_{C,H}$-Werte von 0—3,5 Hz, für $\theta = 140°$ Werte von 5—8 Hz und für $\theta = 180°$ von 5—6 Hz, die die notwendige Vorsicht bei der Anwendung dieser Beziehung für konfigurations- und konformationsentscheidende Aussagen unterstreichen.

Vicinale Kopplungskonstanten unter Einbeziehung eines ^{13}C-Kerns finden des weiteren bei der Bestimmung der Konfiguration von Olefinen Anwendung. Dies geschieht im Falle höher substituierter Olefine, wo die indi-

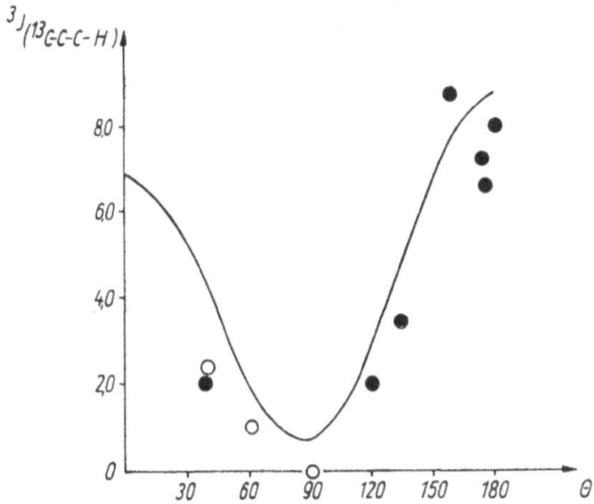

Abb. 21. Theoretische und experimentelle Karplus-Kurve für vicinale $^3J_{C,H}$-Kopplungskonstanten

kative $^3J_{H,H}$ als Entscheidungskriterium zur cis/trans-Konfiguration fehlt und die ^{13}C—H-Kopplungskonstanten $^3J_{C,H}$ für trans-ständige Atome entsprechend den prototropen Analoga größer sind als für cis-ständige. Eine vergleichende Auswahl für solche vicinalen Kopplungskonstanten am Beispiel geminal-disubstituierter Olefine enthält Tab. 56. Da aber die vicinale ^{13}C—H-Kopplungskonstante neben dieser charakteristischen Abhängigkeit von der Konfiguration auch auf sterische Wechselwirkungen zwischen cis-ständigen Substituenten, Bindungsordnungsänderungen der zentralen C=C-Doppelbindung und Elektronegativitätseinflüsse der Substituenten reagiert, ist sie für Zuordnungszwecke bei nur einem vorliegenden Isomeren vorsichtig zu handhaben, da die Bereiche überlappen.

Für Bindungssysteme ähnlicher Substituentenpolarität wird eine lineare Abhängigkeit zwischen der vicinalen $^3J_{H,H}$ und der vicinalen $^3J_{C,H}$ beschrieben [95]:

$$^3J_{H,H} \approx 0{,}6 \cdot {}^3J_{C,H}\,. \tag{34}$$

Tabelle 56

Vicinale ^{13}C—H-Kopplungskonstanten in geminal disubstituierten Olefinen [94]

Verbindung	Koppelndes C-Atom	$^3J_{cis}$	$^3J_{trans}$
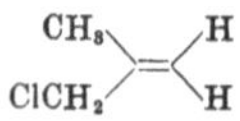	CH_3	6,0	10,4
	CH_2Cl	7,5	13,9
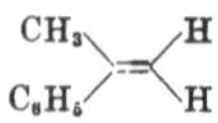	CH_3	6,9	11,3
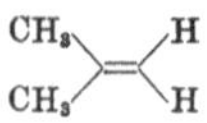	CH_3	5,2	12,4
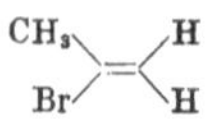	CH_3	4,5	8,9

Mit Hilfe dieser linearen Beziehung sind beide Kopplungskonstanten auseinander annähernd abschätzbar und somit aus der vicinalen ^{13}C—H-Kopplungskonstante Aussagen zur Bindungslänge der zentralen C=C-Bindung möglich, zu dessen Indikation die vicinale H—H-Kopplungskonstante in Olefinen bekanntlich geeignet ist. Aber auch hier sollten nur sterisch unbehinderte Systeme mit vergleichbaren Bindungswinkeln θ und θ' [96] (vgl. Formel *XLII*) verwendet werden. Auch in diesem Falle ist

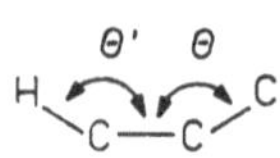

XLII

die Elektronegativität der Substituenten zu beachten, da wenig polare Substituenten in Gl. (34) einen Proportionalitätskoeffizienten von 0,65, stark polare dagegen einen von 0,56 aufzeigen [97]. Mit diesen Einschränkungen sind aber qualitative Aussagen möglich.

3.3. *Anwendung von Spin-Gitter-Relaxationszeiten zur Strukturaufklärung*

Die Messung von Spin-Gitter-Relaxationszeiten T_1 ist — sofern man von dem erhöhten Zeitaufwand absieht — mit Hilfe der Puls-Fourier-Transform-Technik relativ problemlos durchführbar (Kap. 2.4.5.). Diese leichte Zugänglichkeit von T_1-Werten hat dazu geführt, daß in letzter Zeit neben den Chemischen Verschiebungen und den Kopplungskonstanten als weiterer Spektrenparameter die Spin-Gitter-Relaxationszeiten T_1 immer mehr an Bedeutung gewinnen. Sie können nicht nur als Hilfsmittel zur Zuordnung von ^{13}C-NMR-Signalen in protonenrauschentkoppelten Spektren (Kap. 2.4.5.), sondern auch zu Aussagen über inter- und intramolekulare Beweglichkeiten von Molekülen herangezogen werden.

Für den bei der Relaxation von ^{13}C-Kernen dominierenden Mechanismus der Dipol-Dipol-Wechselwirkung gilt nach Gl. (35) eine umgekehrte Proportionalität zwischen der sog. Korrelationszeit τ, die ein Maß für die Beweglichkeit der Moleküle oder Molekülteile ist, und der Relaxationszeit T_1:

$$\frac{1}{T_1} \approx \frac{N \cdot \tau}{r^6}. \qquad (35)$$

Schnelle Bewegungen sind mit kurzen Korrelationszeiten verknüpft und bedingen längere Spin-Gitter-Relaxationszeiten. Weiterhin sind noch die Zahl der benachbarten Protonen N und deren Abstand r von dem relaxierenden ^{13}C-Kern von Einfluß. Aus diesem Zusammenhang zwischen T_1 und den Größen τ, N, r ergeben sich eine Reihe allgemeiner Aussagemöglichkeiten zur Struktur der untersuchten Verbindungen:

1. Infolge der umgekehrten Proportionalität zwischen T_1 und der Anzahl N der Protonen am betrachteten C-Atom sollten unter der Voraussetzung vergleichbarer Korrelationszeiten die Spin-Gitter-Relaxationszeiten in der Reihenfolge

$$T_{1(CH_3)} < T_{1(CH_2)} < T_{1(CH)} < T_{1(C)} \qquad (36)$$

größer werden. In Übereinstimmung damit ergeben sich experimentell häufig für die Relaxationszeiten T_1 von CH_2:CH-Kohlenstoffkernen Verhältnisse von etwa 1:2 (s. Substanz *XLIII*) [98]. Gl. (35) läßt für quartäre C-Atome infolge fehlender direkt gebundener Protonen sehr

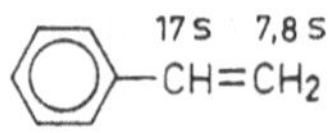

XLIII

große T_1-Werte erwarten. Daß dennoch bei vernünftigen Zeitaufwand meßbare Werte vorliegen resultiert aus dem Beitrag anderer Relaxationsmechanismen. Auch die Spin-Gitter-Relaxationszeiten der ^{13}C-Kerne von Methylgruppen sind in Molekülen mittlerer Molmasse ($M > 100$) meist größer als sie eine umgekehrte Proportionalität zwischen T_1 und N erwarten läßt. Hierfür verantwortlich ist die gegenüber dem Molekülrest häufig schnellere Rotation der Methylgruppe, die über eine kürzere Korrelationszeit τ nach Gl. (35) zu gegenüber den Gerüst-C-Atomen längeren Relaxationszeiten T_1 führen. In Analogie dazu weisen in Molekülen höherer Molmasse leicht bewegliche Molekülteile größere T_1-Werte auf als die C-Atome des Molekülrestes. So kann aus den T_1-Werten in n-Alkanen eine deutliche Abnahme der Beweglichkeit zur Molekülmitte hin abgelesen werden (Formel *XLIV*) [99].

8,74 s 6,64 s 5,71 s 4,95 s 4,36 s

$CH_3-CH_2-CH_2-CH_2-CH_2-C_4H_{11}$

XLIV

In Substanzen mit Alkylseitenketten, wie sie beispielsweise in Steroiden vorliegen, weisen die CH_2-Gruppen der Seitenkette auf Grund ihrer höheren Beweglichkeit größere T_1-Werte als die Ring-CH_2-Gruppen auf. Letzteres kann mit Erfolg zur Zuordnung von Signalen in komplizierten Spektren von Naturstoffen angewandt werden. Erhöhte Spin-Gitter-Relaxationszeiten T_1 werden auch für Moleküle mit einer Molmasse $M < 100$ gefunden, die infolge ihrer kleinen Trägheitsmomente und der gegenüber größeren Molekülen verringerten „Reibungskräfte" zwischen Molekül und Lösungsmittel insgesamt eine erhöhte Beweglichkeit aufweisen.

2. Messungen der Spin-Gitter-Relaxationszeiten T_1 sind besonders erfolgreich zur Abschätzung der freien Rotation von Methylgruppen angewandt worden. Experimentell konnte folgende Beziehung abgeleitet werden [77]

$$1/3T_{1(\mathrm{CH})} \leqq T_{1(\mathrm{CH_3})} \leqq 3T_{1(\mathrm{CH})}. \tag{37}$$

völlig gehinderte Rotation — unbehinderte Rotation

Für Methylgruppen, deren Rotation völlig unterbunden ist, ergeben sich danach in Übereinstimmung mit Gl. (37) T_1-Werte, die im Grenzfall 1/3 der T_1-Werte von CH-Gruppen des starren C-Gerüstes des Moleküls betragen. Für Methylgruppen, deren Rotation wesentlich schneller als die Gesamtbewegung des Moleküls ist, ergeben sich dagegen stark erhöhte T_1-Werte. Als Beispiel sind in Formel *XLV* und *XLVI* die Spin-Gitter-Relaxations-

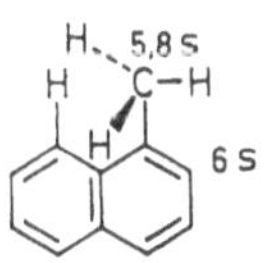

XLV

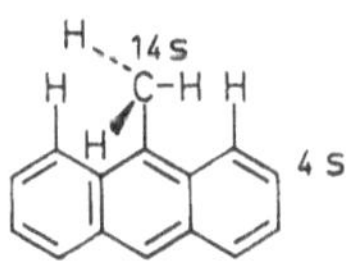

XLVI

zeiten der Methylgruppe im 1-Methylnaphthalin und 9-Methylanthracen eingetragen [100]. In der angegebenen räumlichen Anordnung der Methylgruppe in *XLV* liegt ein Energieminimum vor, wodurch die Rotation behindert ist. Der T_1-Wert der Methylgruppe ist kurz. In *XLVI* existiert wegen der gleichzeitigen Wechselwirkungen mit dem anderen peri-ständigen H-Atom kein derartiges Energieminimum, so daß eine schnelle Rotation der Methylgruppe erfolgt, die sich in einem erhöhten T_1-Wert von 14s widerspiegelt.

3. Die bisher diskutierten Strukturinformationen aus T_1-Werten sind soweit nicht anders vermerkt nur für Moleküle gültig, für die isotrope Bewegungen des Gesamtmoleküls vorausgesetzt werden können. In Molekülen mit anisotropen Bewegungsabläufen, wie sie z. B. bevorzugte Rotationen um spezielle geometrische Molekülachsen darstellen, werden oft bemerkenswerte Abweichungen festgestellt. So sind in monosubstituierten Benzolen in Abhängigkeit von der Polarität Masse und räumlichen Ausdehnung des Substituenten X um die C_2-Achse 5—20mal schnellere Molekülrotationen zu erwarten als um andere denkbare Molekülachsen. Ausdruck dafür sind die in den Formeln *XLVII*, *XLVIII*, *IL* angegebenen

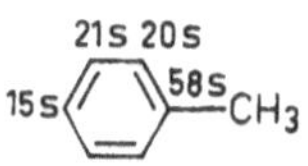

XLVII

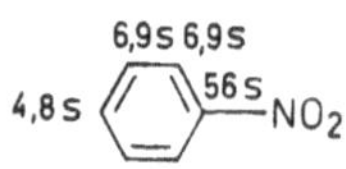

XLVIII

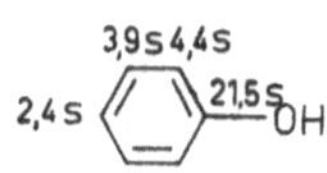

IL

größeren T_1-Werte für die ortho- und meta-C-Atome relativ zum para-ständigen C-Atom, da erstere wegen ihrer schnelleren Bewegung und der damit verbundenen kürzeren Korrelationszeiten weniger effektiv relaxieren.

4. Durch starke intermolekulare Wechselwirkungen (Dipol-Dipol-Wechselwirkungen, H-Brücken) kann die Beweglichkeit eines Moleküls stark eingeschränkt werden, was ebenfalls zu einer Abnahme der T_1-Werte führt. In der Reihenfolge Toluol *XLVII* (schwache VAN DER WAALSsche Wechselwirkungen), Nitrobenzol *XLVIII* (Dipol-Dipol-Wechselwirkungen), Phenol *IL* (H-Brücken) nehmen die intermolekularen Wechselwirkungen zwischen

den Molekülen zu. An den in den Formeln angegebenen T_1-Werten läßt sich deutlich die dazu parallel gehende Verringerung der Spin-Gitter-Relaxationszeiten erkennen.

Für zahlreiche weitere Anwendungen von Spin-Gitter-Relaxationszeiten auf die Strukturanalytik muß auf die Literatur verwiesen werden [77].

3.4. Anwendung der ^{13}C-NMR-Spektroskopie zur Untersuchung dynamischer Prozesse

Außer zur Strukturaufklärung ist die NMR-Spektroskopie besonders zur Untersuchung inter- oder intramolekularer Bewegungen oder Austauschprozesse, die Aktivierungsenergien von etwa 20—100 KJ/mol erfordern, sehr erfolgreich angewandt worden. Umlagerungen in Tautomeren, Konformationsumwandlungen, Valenzisomerisierungen, gehemmte innere Molekülrotationen oder Stickstoffinversionen sind Beispiele für solche dynamischen Prozesse. Es hat sich zeigen lassen, daß die Temperaturabhängigkeit von NMR-Spektren zur Bestimmung der Geschwindigkeitskonstante dieser Vorgänge geeignet ist.

In einem dynamischen Prozeß

$$A \rightleftharpoons B \tag{38}$$

sei die chemische Umgebung eines ^{13}C-Kerns in der Komponente A eine andere als in B. Ist die mittlere Aufenthaltsdauer des Kerns in jeder Umgebung groß gegenüber der Zeit, die für das Zustandekommen des Resonanzsignals, d. h. für die Umorientierung des Kernspins notwendig ist ($\sim 10^{-3}$ s), so erhält man dafür zwei scharfe getrennte Signale (Abb. 22a). Ist die mittlere Aufenthaltsdauer jedoch klein im Vergleich zu dieser Übergangszeit, so wechselt die chemische Umgebung des Kerns während des Umklappvorgangs. Im Spektrum verschmelzen die beiden Signale zu einem scharfen Signal. Die dafür beobachtete Chemische Verschiebung wird von der „durchschnittlichen" chemischen Umgebung des Kerns bestimmt und liegt entsprechend Gl. (39)

$$\delta = \gamma_A \cdot \delta_A + \gamma_B \cdot \delta_B \tag{39}$$

$\delta_{A,B}$ — Chemische Verschiebung des Kerns in A bzw. B;
$\gamma_{A,B}$ — Molenbruch der Komponenten A und B

zwischen den Signalen für die getrennten Komponenten. (Abb. 22d). Bei mittleren Aufenthaltsdauern erscheinen entweder ein oder zwei breite Signale (Abb. 22b und c).

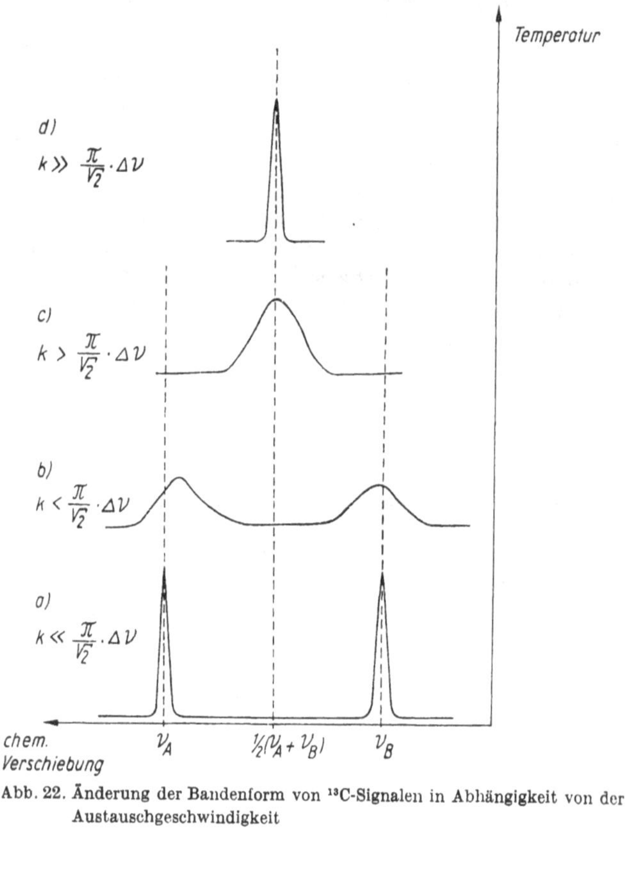

Abb. 22. Änderung der Bandenform von ^{13}C-Signalen in Abhängigkeit von der Austauschgeschwindigkeit

Man bezeichnet einen dynamischen Prozeß in der NMR-Zeitskala als langsam, wenn man im Spektrum zwei getrennte Signale erkennen kann, als schnell, wenn wir die unterschiedlichen Positionen des Kerns in A und B im Spektrum nicht mehr wahrnehmen können und nur ein gemitteltes Signal erhalten wird. Da die Geschwindigkeit des betrachteten dynamischen Prozesses durch Änderung der Temperatur der Probe beeinflußt werden kann, werden zu ihrem Studium NMR-Untersuchungen bei verschiedenen Temperaturen durchgeführt.

Die NMR-Spektroskopie erlaubt 2 grundsätzliche Aussagen zu solchen dynamischen Prozessen:

1. Bestimmung der relativen thermodynamischen Stabilität der im Gleichgewicht vorhandenen Komponenten durch Angabe des Unterschiedes ihrer Freien Standardenthalpie ΔG^0.
2. Bestimmung der kinetischen Parameter des Prozesses in Form der Geschwindigkeitskonstanten k und der Aktivierungsenergie E_a bzw. der Freien Aktivierungsenthalpie $\Delta G^{\neq}$.

Die Berechnung von ΔG^0-Werten geschieht nach Gl. (40)

$$\Delta G^0 = -RT \ln K, \tag{40}$$

in der K die Gleichgewichtskonstante des in Gl. (41) formulierten Prozesses darstellt, die sich aus den Konzentrationen der Komponenten A und B zu

$$K = \frac{c_B}{c_A} = \frac{k_B}{k_A} \tag{41}$$

ergibt. Die Einzelkonzentrationen c_B und c_A werden unter den Bedingungen eines in der NMR-Skala langsamen Austausches durch Integration eines für die jeweiligen Komponente typischen NMR-Signals ermittelt.

Die Bestimmung der kinetischen Parameter erfolgt durch Linienformanalyse in der Nähe der sog. Koaleszenztemperatur. Die Koaleszenztemperatur ist dann erreicht, wenn bei fortlaufender Erwärmung der Probe und somit fortschreitender Verbreiterung der beiden Resonanzsignale zwischen diesen das Tal gerade verschwindet (vgl. Abb. 22). Sie kann entweder durch exakte Linienformanalyse mittels Computerangleichung [101] oder einfacher durch Näherungsgleichungen erfolgen. Die Geschwindigkeitskonstante k_c eines dynamischen Prozesses bei der Koaleszenztemperatur T_c ergibt sich zu

$$k_c = \frac{\pi}{\sqrt{2}} \Delta\nu, \tag{42}$$

wobei $\Delta\nu$ der Unterschied der Chemischen Verschiebung in Hz zwischen den unterhalb der Koaleszenztemperatur getrennt auftretenden Signalen bedeutet. Die zugehörige Freie Aktivierungsenthalpie $\Delta G_c^{\neq}$ (gemessen in KJ/Mol) kann mit Hilfe der Gleichung

$$\Delta G_c^{\neq} = 19{,}12 T_c \left(10{,}32 + \log \frac{T_c}{k_c}\right) \tag{43}$$

ermittelt werden. Voraussetzung für exakte Resultate bei Verwendung dieser Näherungsgleichungen sind gleiche Population der im Gleichgewicht befindlichen Komponenten und ein möglichst großer Unterschied zwischen $\Delta\nu$ — dem Abstand der Signale bei tiefen Temperaturen — und ihrer Halbwertsbreite b_E. Während beim Fehlen der ersten Bedingung unter Einbeziehung der Populationsverhältnisse eine Anwendung von Gl. (43) noch möglich ist [102], wird bei vergleichbaren Werten von $\Delta\nu$ und b_E der Fehler bei der Bestimmung von $\Delta G_c^{\neq}$ nach Gl. (43) sehr groß. In solchen Fällen ist eine exakte Linienformanalyse zu empfehlen, die durch Computerangleichung der Linienformen an die experimentellen Werte erfolgt. Dabei werden die Geschwindigkeitskonstanten der dynamischen Prozesse bei verschiedenen Temperaturen in der Nähe des Koaleszenzpunktes berechnet. Aus der Temperaturabhängigkeit der Geschwindigkeitskonstanten k kann über die logarithmierte Form der ARRHENIUS-Gleichung

$$\ln k = -\frac{E_a}{RT} + \ln C \tag{44}$$

die Aktivierungsenergie E_a ermittelt werden, indem man graphisch $\ln k$ gegen $1/T$ aufträgt und als Steigung der Geraden die Größe $-E_a/R$ erhält.

In ähnlicher Weise läßt sich aus der EYRING-Gleichung

$$k = \frac{k' \cdot T}{h} \cdot e^{\frac{-\Delta G^{\neq}}{RT}} \tag{45}$$

die Freie Aktivierungsenthalpie $\Delta G^{\neq}$ ermitteln, die nach der bekannten Beziehung

$$\Delta G^{\neq} = \Delta H^{\neq} - T\Delta S^{\neq}$$

mit der Aktivierungsenthalpie $\Delta H^{\neq}$ und der Aktivierungsentropie $\Delta S^{\neq}$ verknüpft ist. Eine Aufteilung von $\Delta G^{\neq}$ in $\Delta H^{\neq}$ und $\Delta S^{\neq}$ ist allerdings nur bei sehr genauer Messung der Probentemperatur sinnvoll. Die mit Routinespektrometern erreichbare Genauigkeit von etwa $\pm 2°$ ist dafür nicht ausreichend, so daß man sich unter diesen Umständen auf die Angabe von $\Delta G_c^{\neq}$-Werten beschränken sollte, zumal festgestellt wurde, daß für die meisten der mit Hilfe der dynamischen NMR-Spektroskopie untersuchten Prozesse die Entropieänderung $\Delta S^{\neq}$ nur sehr gering ist.

Zahlreiche dynamische Prozesse sind mit Hilfe der ¹H-NMR-Spektroskopie untersucht worden. Nachteile dieser Methode ergeben sich durch die in den ¹H-NMR-Spektren auftretenden Kopplungen sowie Signalüberlappungen, die eine Linienformanalyse erschweren. Zum anderen sind die Unterschiede der Chemischen Verschiebungen in unterschiedlicher chemischer Umgebung oft nur sehr gering, so daß sehr tiefe Temperaturen angewandt werden müssen, um Koaleszenz zu erreichen. Demgegenüber treten in den protonen-rauschentkoppelten

^{13}C-NMR-Spektren nur Singuletts auf, die eine Anwendung der Theorie der dynamischen Kernresonanz in einfacher Weise gestatten. Darüber hinaus sind durch den gegenüber ^{1}H-Kernen erweiterten Resonanzbereich in den ^{13}C-NMR-Spektren ausgeprägtere Unterschiede der Chemischen Verschiebung (größere $\Delta\nu$-Werte in Gl. (42)) zu registrieren, die eine gegenüber den ^{1}H-Spektren erhöhte Koaleszenztemperatur für den gleichen dynamischen Prozeß mit sich bringen. Damit werden auch solche Prozesse, die wegen zu niedriger Koaleszenztemperatur mit Hilfe der ^{1}H-NMR-Spektroskopie nicht erfaßbar sind, der Untersuchung zugänglich. Einen nicht zu übersehenden Nachteil der ^{13}C-NMR-Spektroskopie stellen allerdings die in vielen Fällen erforderlichen hohen Akkumulationszeiten im Koaleszenzbereich dar.

Die Anwendung der ^{13}C-NMR-Spektroskopie zur Untersuchung dynamischer Prozesse soll an 2 typischen Beispielen aus dem Gebiet der Konformationsanalyse erläutert werden.

a) In monosubstituierten Cyclohexanverbindungen liegt ein Konformerengleichgewicht zwischen einer Sesselkonformation mit äquatorialer Substituentenanordnung (*L*) und dem Alternativsessel mit axialer Substituentenanordnung (*LI*) vor. Bei Zimmertemperatur ist die Um-

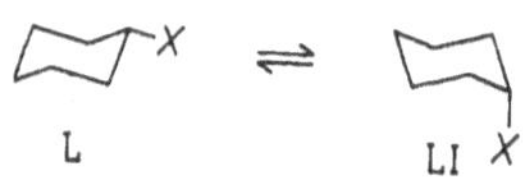

wandlungsfrequenz zwischen beiden Konformeren so groß (10^{-4}—10^{-5} s), daß im ^{13}C-NMR-Spektrum Durchschnittssignale erscheinen. Es treten für die Ring-C-Atome 4 Signale (C_1, $C_2 = C_6$, $C_3 = C_5$, C_4) auf. Bei tiefen Temperaturen (—60 °C) erscheinen die ^{13}C-NMR-Signale der beiden Konformeren getrennt (Tab. 57). Im Spektrum sind nunmehr 7 Signale (C_4 wird nicht aufgespalten) für die Ring-C-Atome zu finden, aus deren Intensitätsverhältnis nach Gl. (40) der Unterschied der Freien

Enthalpie ΔG^0 berechnet werden kann. Es sind dafür allerdings annähernd gleiche Relaxationszeiten für die ^{13}C-Kerne in den beiden Konformeren vorauszusetzen, was beim Vergleich von C-Atomen mit gleicher H-Substitution im allgemeinen in vertretbarem Maße gegeben ist.

Tabelle 57

^{13}C-chemische Verschiebungen und Unterschiede der Freien Enthalpie der Konformeren von monosubstituierten Cyclohexanen [3] bei − 60 °C

Substituent	Stellung	^{13}C-chemische Verschiebungen				
X		C_1	$C_{2,6}$	$C_{3,5}$	C_4	ΔG (KJ/mol)
$-OCOCH_3$	*a*	70,1	30,1	21,2	25,9	3,31
	e	73,5	32,5	25,2		
$-OCOCH_2Cl$	*a*	70,6	30,0	21,4	26,0	2,51
	e	75,1	32,4	25,2		
$-OCOCHCl_2$	*a*	74,1	29,7	21,1	25,6	2,18
	e	77,2	31,9	25,0		
$-OCOCCl_3$	*a*	76,6	29,6	21,2	25,4	1,46
	e	79,5	31,7	25,0		

b) Die in Tab. 58 aufgeführten Ketale können durch Ringinversion in einen energetisch gleichwertigen identischen Alternativsessel übergehen. Zur Bestimmung der Freien Aktivierungsenthalpie $\Delta G_c^{\neq}$ dieser Ringinversion wurden von diesen Ketalen die ^{13}C-NMR-Spektren bei unterschiedlichen Temperaturen aufgezeichnet. Unterhalb der angegebenen Koaleszenztemperatur tritt eine Aufspaltung der ^{13}C-Signale auf, die an den in Spalte 2 angegebenen Gruppen ($-OCH_3$, $-CH_3$) verfolgt wurde. Anhand der beobachteten Koaleszenztemperatur T_c (Spalte 3) und der Tieftemperaturaufspaltung der Signale $\Delta\nu$ (Spalte 4) wurden mit Hilfe der Gln. (42) und (43) die Freie Aktivierungsenthalpie der Ringversion berechnet. Die Ergebnisse zeigen, daß mit zunehmender 1,3-diaxialer Wechselwirkung in der Reihenfolge 1 → 3 die Inversionsbarrieren herabgesetzt werden.

Tabelle 58

Freie Aktivierungsenthalpien $\Delta G_c^{\neq}$ der Ringinversion von Ketalen [103]

Verbindung	verfolgtes Signal	T_c (°C)	$\Delta\nu$ (Hz)	$\Delta G_c^{\neq}$ (KJ/mol)
1 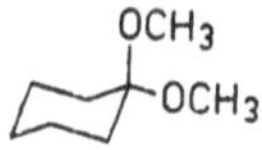	$-OCH_3$	−70	3,05	45,2
2 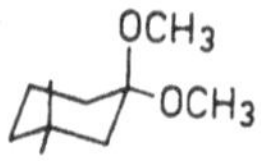	$-OCH_3$ 3-CH_3	−76,5 −59	16,5 218,5	41,4 41,0
3 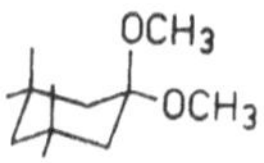	$-OCH_3$ $-CH_3$	−119 −98	23,2 121,8	33,1 33,1

3.5. *¹³C-NMR-Spektroskopie an Hochpolymeren*

Die NMR-Spektroskopie kann wesentliche Aussagen zur Struktur von Hochpolymeren erbringen. Am Beispiel der durch Polymerisation unsymmetrischer Alkene *R*—CH=CH$_2$ entstehenden Polymeren der Formel *LII* soll dies erläutert werden.

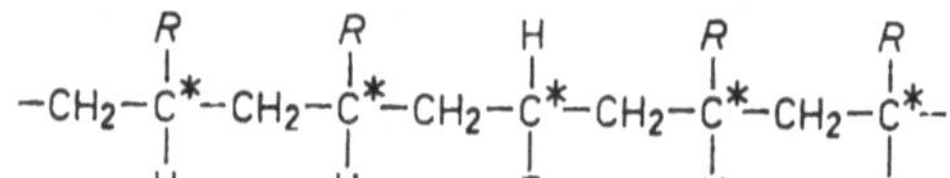

LII

Betrachtet man die Konstitution eines solchen Makromoleküls, so ergeben sich unabhängig von den Polymerisationsbedingungen meist nur geringe Unterschiede. Diese können z. B. dadurch bedingt sein, daß anstelle der üblichen „Kopf-Schwanz"-Addition der Monomeren beim Polymerisationsvorgang ausnahmsweise einmal eine

„Kopf-Kopf"-Addition erfolgt. Dagegen können sich verschiedene Polymerisate hinsichtlich ihrer Konfiguration an dem bei der Polymerisation entstehenden asymmetrischen Kohlenstoffatom C* erheblich unterscheiden. Es lassen sich folgende 3 Konfigurationstypen klassifizieren:

1. Isotaktische Polymere, in denen alle Monomereneinheiten die gleiche Konfiguration aufweisen (s. Projektionsformel *LIII* a)

2. Syndiotaktische Polymere, in denen die aufeinanderfolgenden Monomereneinheiten jeweils entgegengesetzte Konfiguration haben (Formel *LIII* b)

3. Ataktische oder heterotaktische Polymere, in denen die Konfigurationsfolge der Monomereneinheiten statistisch verteilt ist (Formel *LIII* c).

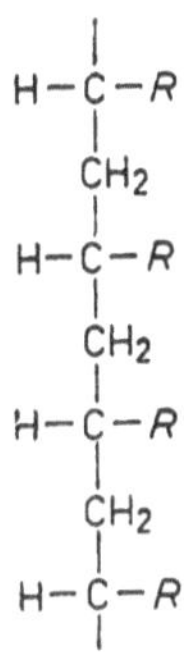

LIIIa

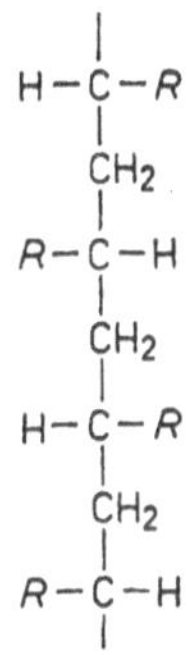

LIIIb

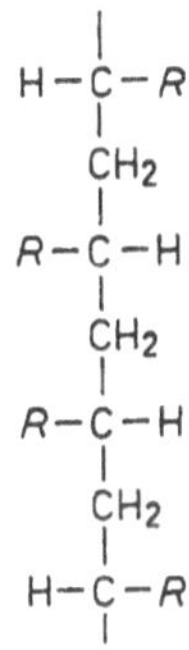

LIIIc

Diese Konfigurationstypen sind für die Eigenschaften der Polymeren von entscheidender Bedeutung, so daß ihre Festlegung von großem praktischen Interesse ist. Bereits mit Hilfe der ^{1}H-NMR-Spektroskopie konnten Konfigurationsfolgen in vielen Polymeren erkannt werden. Ein Nachteil von ^{1}H-NMR-Untersuchungen an Polymeren besteht jedoch darin, daß häufig sehr breite, sich gegenseitig überlappende Signale auftreten, die aus einer vergrößerten dipolaren Wechselwirkung infolge der in solchen Makromolekülen behinderten isotropen Molekülbewegung resultieren.

Diese dipolare Verbreiterung ist in den ^{13}C-NMR-Spektren aus folgenden Gründen geringer bzw. von geringerer Bedeutung [106]:

- Die dipolare Verbreiterung ist für Protonen etwa zehnmal so groß wie für ^{13}C-Kerne, da sie dem Quadrat des gyromagnetischen Verhältnisses ($\gamma(^{13}C) \approx 1/4\gamma(^{1}H)$) proportional ist.
- Die C-Atome der Kohlenstoffkette sind durch die H-Atome gegen intermolekulare und weitreichende intramolekulare dipolare Wechselwirkungen abgeschirmt, woraus ebenfalls eine verringerte Linienbreite resultiert.
- Der Bereich der Chemischen Verschiebung ist in der ^{13}C-NMR-Spektroskopie wesentlich größer als in der ^{1}H-NMR-Spektroskopie.
- Die Singuletts in den ^{1}H-rauschentkoppelten ^{13}C-NMR-Spektren überlappen sich weniger als die Multipletts in den ^{1}H-NMR-Spektren.

Diese verringerte Linienbreite erlaubt es, mit Hilfe der ^{13}C-NMR-Spektroskopie auch Messungen an hochviskosen oder festen Polymeren vorzunehmen, die infolge ihrer schlechten Löslichkeit mit der ^{1}H-NMR-Spektroskopie oft nicht untersucht werden konnten.

Grundlage der Anwendung der ^{13}C-NMR-Spektroskopie zur Konfigurationsermittlung ist, daß die Resonanzsignale je nach der Taktizität bei verschiedenen Werten der Chemischen Verschiebung erscheinen. Dies sei am Beispiel des Polypropylens (Formel *LII*, $R = CH_3$) aufgezeigt. Abbildung 23a stellt das ^{13}C-NMR-Spektrum einer isotaktischen Probe, Abb. 23b das einer ataktischen Probe dar.

In der konfigurativ einheitlichen isotaktischen Probe werden wie zu erwarten 3 Singuletts ($\underline{C}H_3$, $\underline{C}H_2$, $\underline{C}H$) beobachtet. Die Chemische Verschiebung dieser Signale stimmt mit den Werten überein, die man mit dem Inkrementsystem zur Berechnung der Chemischen Verschiebung in aliphatischen Verbindungen (Tab. 4 bis 6) abschätzen kann. Dieses Bild kompliziert sich im Spektrum der ataktischen Probe erheblich. Alle Signale weisen jetzt eine Feinstruktur auf, die auf die nicht einheitliche Konfiguration zurückgeführt werden kann. Am deutlichsten ist diese Aufspaltung am ^{13}C-Signal der Methylgruppe, dessen 3 Teilkomponenten isotaktischen, ataktischen und syndiotaktischen Trimereneinheiten (Triaden) zugeschrieben werden. Bei Erhöhung der Resonanzfrequenz

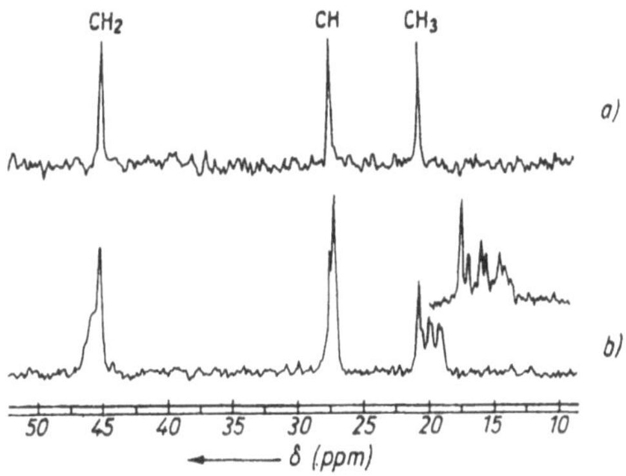

Abb. 23. ^{13}C-NMR-Spektrum von
a) isotaktischen
b) ataktischen Polypropylen (CH_3-Signal bei erhöhter Resonanzfrequenz gespreizt) [107, 108]

von 25,1 MHz auf 55,3 MHz durch Anwendung eines Spektrometers mit supraleitenden Magneten (Kap. 2.1.3.) werden diese 3 Teilsignale noch weiter aufgespalten. Diese weitere Aufspaltung wird durch die verschiedenen Konfigurationen der asymmetrischen Zentren an den übernächsten Monomereneinheiten bestimmt. Von den theoretisch möglichen 10 verschiedenen Kombinationen der asymmetrischen Zentren in 5 benachbarten Monomereneinheiten (Pentaden) können 9 im Spektrum durch unterschiedliche Signale erkannt und zugeordnet werden. Aus der Intensität der Signale kann die Triaden- bzw. Pentadenhäufigkeit abgeschätzt und somit der statistische Aufbau des Polymeren bestimmt werden.

In analoger Weise sind eine Vielzahl von Polymeren untersucht worden. Für eine eingehendere Beschäftigung mit der Anwendung der ^{13}C-NMR-Spektroskopie auf Hochpolymere — insbesondere auch auf Biopolymere wie Polyprene, Polysaccharide, Nukleinsäuren, Proteine — muß auf entsprechende Literatur [109—111] verwiesen werden.

4. Anhang

¹³C-chemische Verschiebung δ (ppm) *relativ zu TMS*

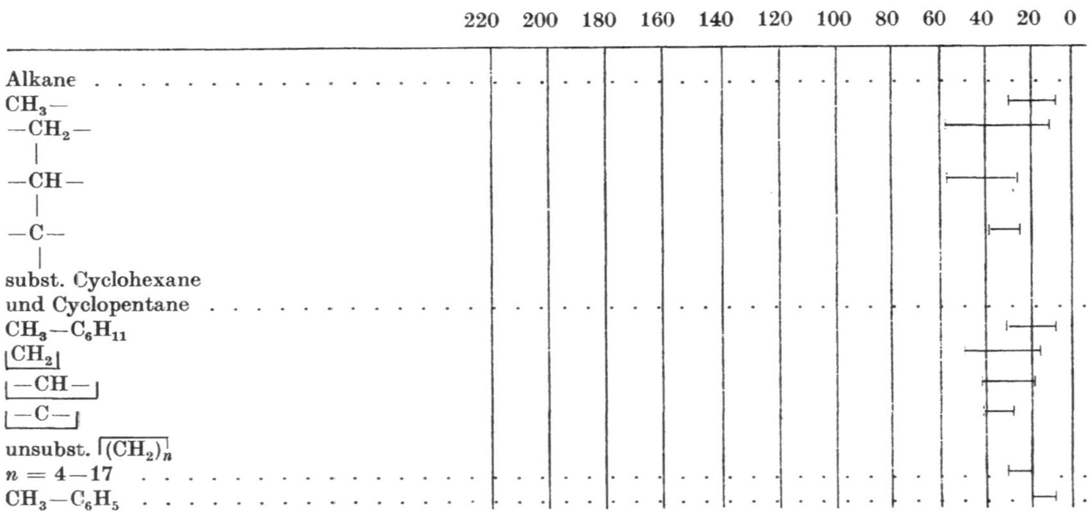

Anhang (Fortsetzung)

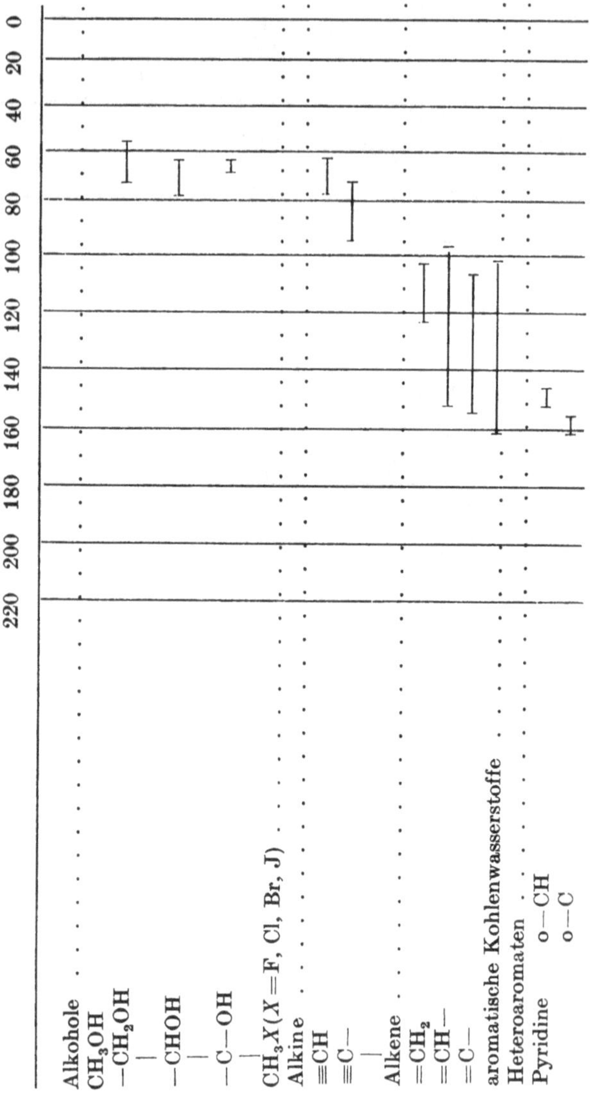

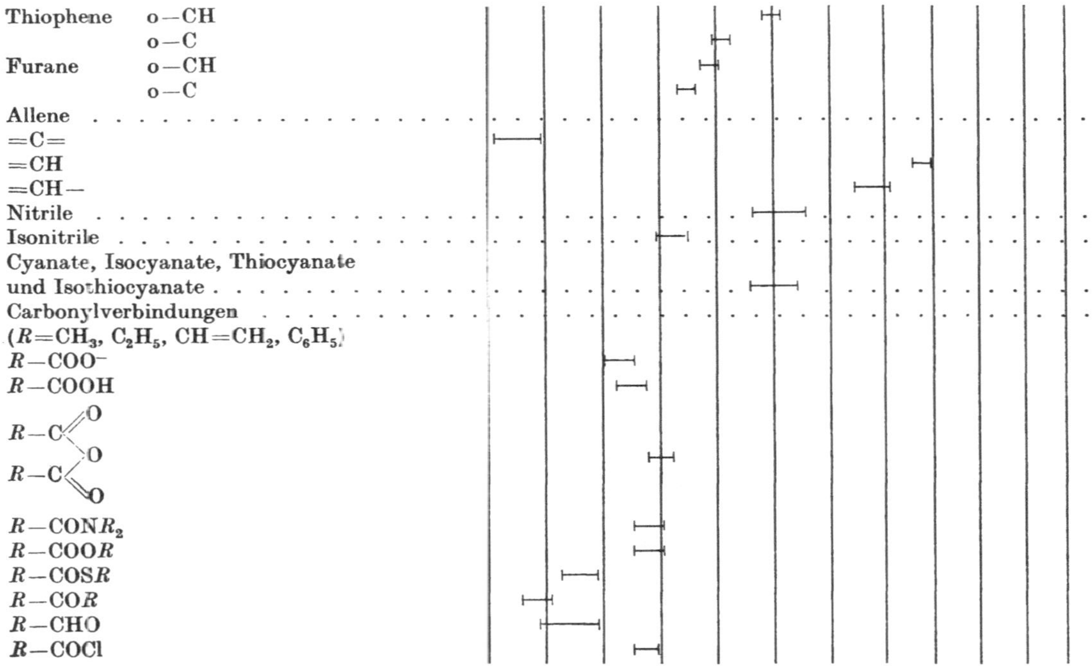
Thiophene o—CH
o—C
Furane o—CH
o—C
Allene
=C=
=CH
=CH—
Nitrile
Isonitrile
Cyanate, Isocyanate, Thiocyanate und Isothiocyanate
Carbonylverbindungen
(R=CH3, C2H5, CH=CH2, C6H5)
R—COO⁻
R—COOH
R—C=O, O, R—C=O
R—CONR2
R—COOR
R—COSR
R—COR
R—CHO
R—COCl

5. Literatur

Einführende Artikel und Monographien

W. BREMSER, Grundlagen und apparative Voraussetzungen sowie Anwendungsmöglichkeiten der Kohlenstoff-13-Kernresonanz-Spektroskopie. Chemiker-Zeitung **97**, 248 (1973)

R. RADEGLIA, Einige Fortschritte der hochauflösenden magnetischen Kernresonanzspektroskopie, Physikalische Meßprinzipien — insbesondere die Fouriertransformspektroskopie. Z. Chem. **14**, 82 (1974)

E. BREITMEIER und G. BAUER, Die Kohlenstoff-13-NMR-Spektroskopie. Pharmazie in unserer Zeit **5**, 97 (1976)

T. C. FARRAR und E. D. BECKER, „*Pulse and Fourier Transform NMR*", Academic Press, New York 1971

G. C. LEVY und G. L. NELSON, „*Carbon-13 Nuclear Magnetic Resonance for Organic Chemists*", Wiley-Interscience 1972

J. B. STOTHERS, „*Carbon-13-NMR-Spectroscopy*", Academic Press, New York 1972

J. T. CLERC, E. PRETSCH und S. STERNHELL, „*^{13}C-Kernresonanzspektroskopie*", Akadem. Verlagsgesellschaft, Frankfurt 1973

E. BREITMEIER und W. VOELTER, „*^{13}C-NMR-Spectroscopy, Methods and Applications*", Verlag Chemie, Weinheim 1974

F. W. WEHRLI und J. WIRTHLIN, „*Interpretation of Carbon-13-NMR Spectra*", Heyden & Son, London 1976

A. ZSCHUNKE, „*Kernmagnetische Resonanzspektroskopie in der organischen Chemie*", Akademie-Verlag, Berlin 1977

R. J. ABRAHAM und P. LOFTUS, „*Proton & Carbon-13-NMR-Spectroscopy*", Heyden & Son, London 1978

Fortschrittsberichte

„*Topics in Carbon-13-NMR-Spectroscopy*", Ed. G. C. Levy, Vol. 1 (1974), Vol. 2 (1976), Wiley-Interscience, New York

Datensammlungen

E. BREITMEIER, G. HAAS und W. VOELTER, „*Atlas of Carbon-13-NMR-Data*", Heyden & Son, London—New York 1975

E. PRETSCH, T. CLERC, J. SEIBL, W. SIMON, „*Tabellen zur Strukturaufklärung organischer Verbindungen mit spektroskopischen Methoden*", Springer-Verlag, Berlin—Heidelberg 1976

Literaturzitate

[1] G. C. LEVY und G. L. NELSON, J. Amer. Chem. Soc. **94**, 4897 (1972)
[2] H. D. SCHNEIDER, D. HEISKE, V. HOPPEN und M. SCHOMMER, Tetrahedron Letters **1974** (23), 1971
[3] E. KLEINPETER und R. BORSDORF, J. prakt. Chem. **319**, 458 (1977)
[4] G. L. NELSON, G. C. LEVY und J. D. CARGIOLI, J. Amer. Chem. Soc. **94**, 3089 (1972)
[5] E. PRETSCH, T. CLERC, J. SEIBL und W. SIMON, „*Tabellen zur Strukturaufklärung organischer Verbindungen mit spektroskopischen Methoden*", Springer-Verlag, Berlin—Heidelberg 1976
[6] D. K. DALLING und D. M. GRANT, J. Amer. Chem. Soc. **94**, 5318 (1972)
[7] H.-J. SCHNEIDER und V. HOPPEN, Tetrahedron Letters **1974**, 579
[8] H. BOOTH, Chem. Commun. **1973**, 946
[9] O. A. SUBBOTIN und N. M. SERGEYEV, Chem. Commun. **1976**, 141
[10] O. A. SUBBOTIN und N. M. SERGEYEV, J. Amer. Chem. Soc. **97**, 1080 (1975)
[11] D. K. DALLING, D. M. GRANT und E. G. PAUL, J. Amer. Chem. Soc. **95**, 3718 (1973)
[12] D. K. DALLING und D. M. GRANT, J. Amer. Chem. Soc. **96**, 1827 (1974)
[13] J. W. BLUNT und J. B. STOTHERS, Org. Magn. Res. **9**, 439 (1977)
[14] J. B. STOTHERS, „*Carbon*-13-*NMR-Spectroscopy*", Academic Press, New York 1972
[15] J. B. STOTHERS und C. T. TAN, Canad. J. Chem. **54**, 917 (1976)
[16] A. HEUMANN und H. KOLSHORN, Tetrahedron **31**, 1571 (1975)
[17] E. KLEINPETER, H. KÜHN und M. MÜHLSTÄDT, Org. Magn. Res. **8**, 279 (1976)

[18] D. G. Morris und A. M. Murray, JCS (Perkin II) **1975**, 734
[19] J. K. Whitesell und R. S. Matthews, J. Org. Chem. **42**, 3878 (1977)
[20] E. Lippmaa und T. Pehk, Org. Magn. Res. **3**, 679 (1971) und **8**, 74 (1976)
[21] G. E. Maciel und H. C. Dorn, Org. Magn. Res. **6**, 178 (1974)
[22] D. R. Paulson u. M., J. Org. Chem. **40**, 184 (1975)
[23] J. B. Lambert, D. A. Netzel, H. Sun und K. K. Lilianstrom, J. Amer. Chem. Soc. **98**, 3778 (1976)
[24] D. E. Dorman, M. Jautelat und J. D. Roberts, J. Org. Chem. **36**, 2757 (1971)
[25] J. Schraml, Collect. czechoslov. chem. Commun. **41**, 3063 (1976)
[26] T. Yonemoto, J. Magn. Res. **13**, 153 (1974)
[27] J. W. de Haan und L. J. M. van de Ven, Org. Magn. Res. **5**, 147 (1973)
[28] P. A. Couperus, A. D. H. Clague und J. P. C. M. van Dongen, Org. Magn. Res. **8**, 426 (1976)
[29] W. Runge und J. Firl, Ber. Bunsenges. phys. Chem. **79**, 907 (1975)
[30] J. Firl und W. Runge, Angew. Chem. **85**, 671 (1973)
[31] J. Firl, W. Runge und W. Hartmann, Angew. Chem. **86**, 274 (1974)
[32] D. Leibfritz, Chem. Ber. **108**, 3014 (1975)
[33] L. Ernst, J. Magn. Res. **22**, 279 (1976) und vorstehende Arbeiten dieser Reihe
[34] R. J. Pugmire und D. M. Grant, J. Amer. Chem. Soc. **90**, 697 (1969); E. Breitmeier und K. H. Spohn, Tetrahedron **29**, 1145 (1973)
[35] P. van de Weyer und Ch. Mohan, Org. Magn. Res. **9**, 53 (1977)
[36] F. A. L. Anet und I. Yavar, J. Org. Chem. **41**, 3589 (1976) R. J. Radel, B. T. Keen, C. Wong und W. W. Paudler, J. Org. Chem. **42**, 546 (1977)
[37] R. J. Pugmire, D. M. Grant, M. J. Robins und R. K. Robins, J. Amer. Chem. Soc. **91**, 6381 (1969)
[38] A. C. Boicello, JCS (Perkin II) **1973**, 1024
[39] R. J. Abraham, R. D. Lapper, K. M. Smith und J. F. Unsworth, JCS (Perkin II) **1974**, 1004
[40] S. Gronowitz, J. Johnson und A. B. Hörnfeldt, Chem. Scripta **7**, 211 (1975)

[41] K. Takahashi, T. Sone und K. Fujieda, J. physic. Chem. **74**, 2765 (1970)
[42] S. Gronowitz, J. Johnson und A. B. Hörnfeldt, Chem. Scripta **7**, 111 (1975)
[43] G. Marino, Chem. Scripta 8 **A**, **23** (1975)
[44] J. Elguero, C. Marzin und J. D. Roberts, J. Org. Chem. **39**, 357 (1974)
[45] L. Ernst, Angew. Chem. **88**, 335 (1976)
[46] R. C. Parker und J. D. Roberts, J. Org. Chem. **35**, 996 (1970)
[47] N. Platzner, J. I. Basselier und P. Demerseman, Bull. Soc. Chim. France **1974**, 905
[48] P. D. Clark, E. F. Ewing und R. M. Schrowston, Org. Magn. Res. 8, 252 (1976)
[49] L. M. Jackman und D. P. Kelly, J. Chem. Soc. (B) **1970**, 102
[50] R. Hollenstein und W. von Philipsborn, Helv. Chim. Acta **55**, 2030 (1972)
[51] J. B. Stothers, J. R. Swenson und C. T. Tan, Canad. J. Chem. **53**, 581 (1975)
[52] D. G. Morris und A. M. Murray, JCS (Perkin II) **1976**, 1579
[53] H. Duddeck, Tetrahedron **34**, 247 (1978)
[54] S. H. Grover, D. M. Marr, J. B. Stothers und C. T. Tan Canad. J. Chem. **53**, 1351 (1975)
[55] G. E. Hawkes, K. Herwig und J. D. Roberts, J. Org. Chem. **39**, 1017 (1974)
[56] Z. W. Wolkowski, E. Vauthier, B. Gonbeau, H. Sauvaitre und J. A. Musso, Tetrahedron Letters **1972**, 565
[57] G. Ahmed und P. W. Hickmott, JCS (Perkin II) **1977**, 838
[58] R. Stradi, P. Trimarco und A. Vigevani, JCS (Perkin I) **1978**, 1
[59] St. Berger und A. Rieker, Tetrahedron **28**, 3123 (1972)
[60] G. Hoefele, Org. Magn. Res. **32**, 1431 (1976)
[61] R. Hollenstein und W. von Philipsborn, Helv. Chim. Acta **56**, 320 (1973)
[62] R. Radeglia und S. Dähne, Z. Chem. **13**, 474 (1973)
[63] R. Radeglia, J. prakt. Chem. **315**, 1121 (1973)
[64] S. W. Pelletier, Z. Djarmati und C. Pape, Tetrahedron **32**, 995 (1976)
[65] C. M. Hall und J. Wemple, J. Org. Chem. **42**, 2118 (1977)

[66] H. Fritz, P. Hug, H.-P. Sauter, T. Winkler und E. Logemann, Org. Magn. Res. **9**, 108 (1977)
[67] H. Kessler, Angew. Chem. **86**, 43 (1974)
[68] J. W. J. Still, N. Plavac, D. M. A. McKinnon und M. S. Chauhan, Canad. J. Chem. **54**, 280 (1976)
[69] E. Kleinpeter, unveröffentlichte Ergebnisse
[70] T. Yonemoto, J. Magn. Res. **12**, 93 (1973)
[71] F. Wehrli, Helv. Chim. Acta **52**, 103 (1969)
[72] R. Radeglia u. a., Org. Magn. Res. **5**, 419 (1973)
[73] E. Breitmeier und W. Voelter, „*^{13}C-NMR-Spectroscopy, Methods and Applications*", Verlag Chemie, Weinheim 1974
[74] G. A. Olah, C. L. Jenell, D. P. Kelly und R. D. Poster, J. Amer. Chem. Soc. **94**, 146 (1972)
[75] G. A. Olah und A. M. White, J. Amer. Chem. Soc. **91**, 5801 (1969)
[76] G. C. Levy und J. D. Cargioli, J. Magn. Res. **6**, 143 (1972)
[77] F. W. Wehrli und J. Wirthlin, „*Interpretation of Carbon-13-NMR-Spectra*", Heyden & Son, London 1976
[78] J. A. Pople und D. P. Santry, Mol. Phys. **8**, 1 (1964)
[79] E. W. Randall, Chem. Brit. **7**, 371 (1971)
[80] J. L. Marshall u. a., Acc. Chem. Res. **7**, 333 (1974)
[81] N. Muller und D. E. Prichard, J. chem. Phys. **31**, 768, 1471 (1959)
[82] E. W. Della, P. T. Hine und H. K. Patney, J. Org. Chem. **42**, 2940 (1977)
[83] M. Begtrup, JCS (Perkin II) **1976**, 736
[84] R. E. Wasylishen und H. M. Hutton, Canad. J. Chem. **55**, 619 (1977)
[85] T. Schaefer, Canad. J. Chem. **53**, 2734 (1975)
[86] F. J. Weigert, J. Amer. Chem. Soc. **91**, 4940 (1969)
[87] O. Yamamoto, Mol. Phys. 17, 249 (1969)
[88] R. Zeisberg und F. Bohlmann, Chem. Ber. **107**, 3800 (1974)
[89] P. Äyräs, Acta chem. Scand. B **31**, 325 (1977)
[90] R. E. Wasylishen und T. Schaefer, Canad. J. Chem. **50**, 2710 (1972)
[91] R. U. Lemieux, T. L. Nagabhushan und B. Paul, Canad. J. Chem. **50**, 773 (1972)
[92] L. T. J. Delbaere, M. N. G. James und R. U. Lemieux, J. Amer. Chem. Soc. **95**, 7866 (1973)
[93] J. A. Schwarcz und A. S. Perlin, Canad. J. Chem. **50**, 3667 (1972)

[94] J. E. ANDERSON, Tetrahedron Letters **1975** (46), 4079
[95] V. VÖGELI und W. VON PHILIPSBORN, Org. Magn. Res. **7**, 617 (1975)
[96] S. BRAUN und J. KINKELDE, Tetrahedron **33**, 3127 (1977)
[97] A. W. DOUGLAS, Org. Magn. Res. **9**, 69 (1977)
[98] G. C. LEVY, Chem. Commun. **1972**, 47
[99] E. BREITMEIER, K. H. SPOHN und U. S. BERGER, Angew. Chem. **87**, 152 (1975)
[100] G. C. LEVY, Acc. Chem. Res. **6**, 161 (1973)
[101] G. BINSCH, „*Topics in Stereochemistry*", Bd. 3, S. 97ff., Interscience, New York 1968
[102] U. SHANAN-ATIDI und K. H. BAR-ELI, J. physic. Chem. **74**, 961 (1970)
[103] R. BORSDORF, E. KLEINPETER, S. AGURAKIS und H. JANCKE, J. prakt. Chem. **320**, 309 (1978)
[104] L. P. LINDEMAN und J. Q. ADAMS, Analyt. Chem. **43**, 1245 (1971)
[105] R. FREEMAN und H. D. W. HILL, J. chem. Phys. **63**, 4103 (1970)
[106] G. C. LEVY und G. L. NELSON, „*Carbon-13 Nuclear Magnetic Resonance for Organic Chemists*", Wiley-Interscience 1972
[107] W. BREMSER, Grundlagen und apparative Voraussetzungen sowie Anwendungsmöglichkeiten der Kohlenstoff-13-Kernresonanz-Spektroskopie. Chemiker-Zeitung **97**, 248 (1973)
[108] L. F. JOHNSON, Analyt. Chem. **43**, 28 A (1971)
[109] P. DIEHL, E. FLUCK und R. KOSFELD (Hrsg.), „*NMR, Grundlagen und Fortschritte in Natural and Synthetic High Polymers*", Springer-Verlag, Berlin—Heidelberg—New York 1971
[110] F. A. BOVEY, „*High Resolution NMR of Macromolecules*", Academic Press, New York 1972
[111] Autorenkollektiv, „*Strukturuntersuchungen an Biopolymeren mit spektroskopischen und hydrodynamischen Methoden*", Akademie-Verlag, Berlin 1976
[112] L. ERNST, Tetrahedron Letters **1974**, 3079
[113] G. W. BUCHANAN, C. REYES-ZAMORA und D. E. CLARKE, Canad. J. Chem. **53**, 3895 (1974)
[114] G. KRESZE, M. BERGER, P. K. CLAUS und W. RIEDER, Org. Magn. Res. **8**, 170 (1976)

[115] W. Höbold, R. Radeglia und D. Klose, J. prakt. Chem. **318**, 519 (1976)
[116] R. S. Ozubko, G. W. Buchanan und J. G. Smith, Canad. J. Chem. **52**, 2493 (1974)
[117] J. B. Grutzner, M. Jautelat, J. B. Dence, R. S. Smith und J. D. Roberts, J. Amer. Chem. Soc. **92**, 7107 (1970)
[118] D. M. Grant und E. G. Paul, J. Amer. Chem. Soc. **86**, 2984 (1964)
[119] A. T. Balaban und V. Wray, Org. Magn. Res. **9**, 16 (1977)
[120] J. B. Stothers und P. C. Lauterbur, Canad. J. Chem. **42**, 1563 (1964)
[121] R. Radeglia, J. prakt. Chem. **318**, 871 (1976)
[122] C. Charrier, D. E. Dorman und J. D. Roberts, J. Org. Chem. **38**, 2644 (1973)
[123] J. J. Burke und P. C. Lauterbur, J. Amer. Chem. Soc. **86**, 1870 (1964)
[124] W. A. Szarek et al., Canad. J. Chem. **52**, 2041 (1974)
[125] M. Pinto, D. M. Vyas und W. A. Szarek, Canad. J. Chem. **55**, 957 (1977)
[126] A. Hoppmann, P. Weyerstahl und W. Zummack, Liebigs Ann. Chem. **1977**, 1547
[127] K. Pihlaja und P. Sasanen, Suomen Kemist. **B 46**, 273 (1973)
[128] G. Ellis und R. G. Jones, J. Chem. Soc. (Perkin II) **1972**, 437
[129] R. Zeisberg und F. Bohlmann, Chem. Ber. **107**, 3800 (1974)
[130] K. Izaawa, T. Okuyama und T. Fueno, Bull. Chem. Soc. Japan **46**, 2881 (1973)
[131] D. D. Traficante und G. E. Maciel, J. physic. Chem. **69**, 1348 (1965)

6. Sachregister

Die Verfasser

- geben eine kurze Einführung in die Prinzipien der NMR-Spektroskopie

- beschreiben die Besonderheiten der ^{13}C-NMR-Spektroskopie sowie ihre apparativen und methodischen Grundlagen

- besprechen ausführlich für einzelne Verbindungsklassen den Zusammenhang zwischen Struktur und ^{13}C-chemischer Verschiebung

- behandeln die Anwendung von Kopplungskonstanten und Spin-Gitter-Relaxationszeiten zur Strukturaufklärung

- erläutern die Einsatzmöglichkeiten der ^{13}C-NMR-Spektroskopie zur Untersuchung dynamischer Prozesse sowie zur Strukturermittlung an Polymeren

WISSENSCHAFTLICHE TASCHENBÜCHER

MIX
Papier | Fördert gute Waldnutzung
FSC® C083411

Zeitfracht Medien GmbH
Ferdinand-Jühlke Straße 7
99095 Erfurt, Deutschland
produktsicherheit@kolibri360.de